肠道微生物与人体健康

王淑梅◎著

U0349296

中国农业科学技术出版社

图书在版编目（CIP）数据

肠道微生物与人体健康／王淑梅著．－－北京：中国农业科学技术出版社，2021.9

ISBN 978-7-5116-5403-8

Ⅰ.①肠…　Ⅱ.①王…　Ⅲ.①肠道微生物-关系-健康-研究　Ⅳ.①Q939
②R161

中国版本图书馆 CIP 数据核字（2021）第 139579 号

责任编辑　张国锋
责任校对　贾海霞
责任印制　姜义伟　王思文

出 版 者　中国农业科学技术出版社
　　　　　北京市中关村南大街 12 号　邮编：100081
电　　话　（010）82106625（编辑室）　（010）82109702（发行部）
　　　　　（010）82109709（读者服务部）
传　　真　（010）82106625
网　　址　http://www.castp.cn
经 销 者　各地新华书店
印 刷 者　北京建宏印刷有限公司
开　　本　148 mm×210 mm　1/32
印　　张　5
字　　数　150 千字
版　　次　2021 年 9 月第 1 版　2021 年 9 月第 1 次印刷
定　　价　35.00 元

前　言

　　人体肠道微生物是混合的微生物，在肠道内与宿主共生。这群数以亿计的微生物及其代谢产物在人体的能量代谢、胃肠道功能、特异性免疫和非特异性免疫、营养素的消化吸收等方面发挥着极其重要的作用。微生物在不同个体、不同部位、不同环境因素或随着时间变化都存在显著的差异，但是微生物与宿主之间却存在着长期的共栖共生的稳态平衡。当人体肠道细菌失调、受损或某种原因导致肠道微生物与宿主之间的稳态平衡被打破，就会诱发胃、肠道等消化道疾病、肿瘤或者肥胖等。因此，肠道微生物对人类健康是非常重要的。

　　随着人类生活习惯、饮食构成和饮食方式的改变，定植于人体肠道的微生物菌群也会随之发生改变。肠道微生物与人体各处的系统疾病关系很密切，那么究竟是哪一类或哪几类肠道微生物菌群在人类疾病的发生和发展中发挥决定性作用呢？肠道微生物平衡状态的改变是病变发生后引发的改变，还是疾病的启动因素？目前都尚不十分清楚。为明确肠道微生物与人类疾病间的相互作用，本书对与微生物相关的皮肤疾病、口腔疾病、腹腔疾病、内分泌系统疾病、肝胆类疾病、心脑血管系统疾病、免疫疾病、类风湿关节炎及特异性疾病进行了详细介绍；同时也对亚健康类状态下、重症患者疾病治疗过程中、消化道恶性肿瘤及特殊环境下，微生物与人体的相互关系、相应的致病机制和研究现状也进行一一阐述；最后对乳酸菌的生物学特性进行简要概述。

著　者

2021 年 3 月

目　　录

1　微生物与人体健康

　　人类肠道内栖息着上百种微生物，这些肠道微生物发挥着重要的生理功能。肠道微生物与人体健康和疾病的防治密切相关。一般情况下，微生物与机体存在着显著的共生关系。机体为微生物提供了定植的场所和生长繁殖所需要的营养，而反过来，微生物保护人体的健康、参与机体内的能量代谢、促进营养物质的消化与吸收、提高机体免疫功能、预防消化道肿瘤等。人体肠道微生物菌群并不是与生俱来的，是后天形成的。刚出生的婴儿肠道是无菌的。婴儿出生后细菌迅速从婴儿口腔和肛门进入体内，出生 2h 就可在其肠道内检测到肠球菌、链球菌和葡萄球菌等。而当婴儿 1 周岁时，肠道微生物逐渐趋于稳定状态，已接近成年人的水平。表 1-1 为婴儿粪便中可检测到的微生物种类。

表 1-1　婴儿粪便中可检测到的微生物菌属和菌种（费鹏，2013）

类型	菌属	菌种
兼性厌氧菌	变形杆菌属	奇异变形杆菌
兼性厌氧菌	葡萄球菌属	金黄色葡萄球菌
兼性厌氧菌	假单胞菌属	绿脓假单胞菌
兼性厌氧菌	链球菌属	粪链球菌、屎链球菌
兼性厌氧菌	埃希菌属	大肠埃希菌
兼性厌氧菌	肠杆菌属	阴沟肠杆菌
专性厌氧菌	双歧杆菌属	青春双歧杆菌、婴儿双歧杆菌
专性厌氧菌	乳酸杆菌属	发酵乳酸杆菌、嗜酸乳酸杆菌、植物乳酸杆菌
专性厌氧菌	梭状芽孢杆菌属	类腐败梭状芽孢杆菌、丁酸梭状芽孢杆菌等

（续表）

类型	菌属	菌种
专性厌氧菌	类杆菌属	多形类杆菌、单形类杆菌等
专性厌氧菌	消化链球菌属	产生消化链球菌、厌氧消化链球菌

正常情况下，宿主与肠道微生物之间处于共栖共生的稳态平衡，当某种原因导致这一平衡被打破就会诱发多种疾病。人体正常的肠道微生物群落主要由细菌、古菌和真核生物等构成，以无芽孢厌氧菌占首位，其次是需氧菌和兼性厌氧菌，其中99%的菌是不能通过传统方法来培养的。我国的华大基因公司针对欧洲人群的肠道微生物宏基因组测序结果显示，人类肠道微生物基因数目是人类基因的150倍，而这其中有超过99%的基因来自细菌。华大基因公司在此次测序结果显示出共发现1 000多种常见细菌，如拟杆菌属、乳杆菌属、梭菌属、二裂菌属和真菌属等。

Mark（2014）的研究结果显示，肠道微生物不同的菌属对人体健康或疾病的防治发挥着重要作用。如 *Faecalibacterium prausnitzii*（柔嫩梭菌群普拉梭菌）与炎症性肠炎，*Escherichia coli* Nissle 1917（大肠杆菌尼氏1917）与急性肠炎，*Fusobacterium nucleatum*（具核梭杆菌）与人结肠癌，*Bifidobacterium infantis*（婴儿双歧杆菌）与新生儿坏死性小肠结肠炎，*Akkermansia muciniphila*（嗜黏蛋白-艾克曼菌）与糖尿病或肥胖病等，这些肠道微生物有的用于疾病的临床检测与治疗，有的用于预防相应的疾病。

根据图1-1所示，人体肠道微生物的生理功能可总结如下。

第一，调节人体肠道菌群的组成：调控人体先天性肠道炎症反应及感染性肠道炎症，调控肠道致病菌的定殖能力。

第二，对人体代谢的影响：调控胆盐分泌，降低血液胆固醇水平，提高乳糖耐受性，降低肠道内有毒、有害物质的浓度，供给肠道上皮黏膜细胞短链脂肪酸及维生素等。

第三，对人体起到免疫调节作用：增强人体先天免疫，调节人体的免疫应答反应。

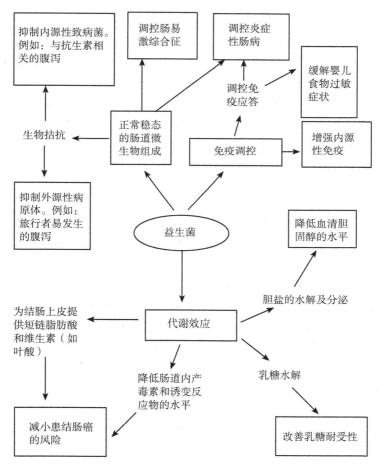

图 1-1 肠道益生菌的生理功能（薛超辉，2014）

1.1 微生物与皮肤健康

由于人体表面皮肤与外界自然环境中广泛存在的各种微生物直接接触，因此，皮肤作为人类的体表屏障会存在一定量的微生物。美国国家癌症研究所、美国国家人类基因组研究所和美国国立卫生研究院对人体微生物进行了较为详尽的研究，发现皮肤菌群分为 19 个门、205 个属，共计约 11.2 万种菌。当人体皮肤表面受到损伤时，尤其是正常皮肤表面的菌群受到来自抗生素损伤或过度洗涤损坏的影响时，那么病原微生物寄居于人体表面皮肤的概率就会显著增加。皮肤微生物中的一部分由于长期适应的结果，便可长期地寄居于在人体皮肤上。这些微生物被称为皮肤正常微生物，也称为皮肤正常菌群，包括细菌、真菌、病毒、支原体以及某些原虫等。

1.1.1 人体皮肤微生物学主要特点

（1）人体皮肤微生物的分类

寄居于人体皮肤的菌群分为固有菌群和暂居菌群。固有菌群是指定居于人体皮肤，长期地寄居生长和繁殖，甚至与机体终身共生，不侵入或破坏皮肤组织。固有菌群种类变化少，条件致病菌多、耐药菌株多。皮肤较深区域中的固有菌群不能通过洗涤而除去，因此不易被杀灭。暂居菌群是聚居于皮肤上，不在皮肤繁殖或在皮肤处繁殖但短期存在的微生物。暂居菌群主要是指皮肤，尤其是手臂等部位，经常与外界接触的皮肤与外界环境接触过程中被污染的微生物。暂居菌群种类复杂多变，随着环境变化而变化，是可能的病原体，但污染性还不是很确定，一般污染时间较短，容易清除和杀灭。人体皮肤常居菌群中主要致病菌和条件致病菌有表皮葡萄球菌、金黄色葡萄球菌、大肠菌群、皮肤真菌和铜绿假单胞菌群等，其中葡萄球菌所占数量最多（陈薇，2007）。

（2）不同个体及皮肤不同部位栖居微生物的特点

正常微生物菌群的种类和数量在不同个体间存在一定差异。干燥和湿润的皮肤表面栖居的微生物种类比油性皮肤多。油性皮肤的微生物易集中在眉毛之间、鼻子双侧、耳朵内侧、头皮后侧及背部和上胸部等。湿润皮肤的微生物易于寄居于鼻子、肘部、腋窝、腹股沟、膝盖后侧和脚底等。干燥皮肤则易于寄居于手掌、臀部和前中臂的内侧。即使是机体的同一部位，不同个体栖居的微生物存在一定的差异。同样是腋窝处，皮肤干燥的人多为凝固性阴性葡萄球菌，皮肤潮湿的人则为棒状杆菌。同一个体，不同的皮肤部位栖居的微生物亦不同，如人的前额多为表皮葡萄球菌和疤疮丙酸杆菌，腋窝处则是贪婪丙酸杆菌和葡萄球菌等。

（3）不同年龄个体栖居微生物的特点

随着人体年龄的增长，栖居的微生物也随之发生变化。婴儿在出生后几天，皮肤菌群还没有发展，极易受到金黄色葡萄球菌的感染。而随着年龄的增长，表皮葡萄球菌的威胁就逐渐减小，但是金黄色葡萄球菌和疤疮丙酸杆菌对威胁则有增加的趋势。

（4）不同性别栖居微生物的特点

人体皮肤寄居的微生物与性别也存在一定关系。人在 20 岁前，疤疮丙酸杆菌栖居的特点与性别无关。但是在 20 岁后，栖居在男性身体皮肤的疤疮丙酸杆菌密度明显地高于女性。但是需氧菌的栖居特点与性别无相关性。青春期的雄性激素分泌增加，雄性激素影响皮脂分泌。因此，男性青春期皮脂腺分泌旺盛，而皮脂类物质可促进皮肤优势菌群的生长。

（5）其他因素对栖居微生物的影响

除个体、性别、年龄、皮肤部位等因素外，季节、气候、温度、湿度和化妆品等其他因素也影响皮肤微生物的分布。例如：日常的洗脸或淋浴脸部皮肤，其表面的表皮葡萄球菌在 6~10h 后就恢复到原有的菌群数。在夏季，人额头部和上胸部葡萄球菌数显著增加。当温度升高，湿度大于 70% 时，皮肤的葡萄球菌数显著增加。而当温度下降，皮肤的葡萄球菌数不会随着湿度的增加而增加。

化妆品对人体面部皮肤菌群也有显著的影响。有研究显示使用化妆品两年以上，每天总用量在 0.5g 以上的人群，皮肤金黄色葡萄球菌、真菌和溶血性链球菌的菌群密度显著高于不使用化妆品或者只使用少量化妆品的人群。表 1-2 显示使用化妆品人群对其面部皮肤的影响。

表1-2　化妆品对人体面部皮肤菌群的影响　　（CFU/cm²）

菌种	实验组	对照组
表皮葡萄球菌	100	97
金黄色葡萄球菌	8	3
真菌	56	20
溶血性链球菌	12	0

长期使用劣质化妆品可使皮肤表面微生态环境（pH值、湿度和油脂）发生显著改变，而且也影响汗腺和皮脂腺的分泌，使皮肤的代谢功能受到阻碍。

1.1.2　人体皮肤的屏障保护作用

皮肤是人体最外层体表的保护屏障和感觉器官，因此，皮肤消毒在防治皮肤传播疾病过程中显得尤为重要。皮肤消毒的主要目的是防止受损伤皮肤或外科切口等部位发生感染及预防和控制皮肤携带病原微生物的传播，而且又不损伤皮肤。皮肤消毒是针对存在于皮肤上的微生物，主要是细菌繁殖体（金黄色葡萄球菌、沙门菌群、大肠菌群、化脓性链球菌、表皮葡萄球菌、铜绿假单胞菌群及其他革兰氏阴性菌群、皮肤真菌等），以及部分病毒。比较常用的皮肤消毒方法是用物理或化学方法清除或杀灭皮肤黏膜上存在的微生物。常用的消毒剂是含碘制剂和含醇制剂。

1.1.3　人体皮肤传播疾病主要特点

人体皮肤污染的致病菌和条件致病菌不仅可引起机体自身感染，也可造成疾病的广泛传播。经皮肤感染的疾病主要有两种类型，一是表面感染，二是传播消化道传染病。皮肤作为传播媒介主要是手臂的接触传播，而传播的细菌大多数为临时沾染的细菌。自体感染也称为内源性感染，感染的病原菌主要来自皮肤常居菌群。

1.1.4　人体皮肤菌群的功能

（1）皮肤菌群的免疫作用

人体皮肤微生物作为自然存在的非特异性抗原，刺激机体的免疫系统。固有皮肤菌群能更好地适应于皮肤，通过竞争皮肤的表面附着位点和必需营养来防御病原微生物的定居。

（2）人体皮肤菌群的营养作用

人体皮肤菌群可提供给人体营养。皮肤微生物可分解脂类、固醇类等物质，通过角质层细胞膜及细胞间隙为皮肤细胞和基底层细胞所吸收，促进了皮肤细胞的生长与繁殖。人体也提供给皮肤菌群营养成分，表皮鳞状上皮细胞角化后的残余物质，如磷脂及氨基酸类可提供给皮肤菌群一定的营养。皮肤每天蒸发和排汗过程中会带出一定量的糖类和电解质，也为皮肤菌群提供了一定量营养物质。

（3）皮肤菌群协助皮肤发挥生理功能

皮脂腺分泌的脂质由微生物作用形成一层乳化脂质膜，可以中和沾染皮肤的碱性物质，抑制致病微生物生长繁殖，可起到保护皮肤的作用。乳化脂质膜与角质层一起防止水分过度蒸发，可起到调节体温的作用。

（4）皮肤菌群产生抗菌类物质

常居菌群可产生一些抗细菌、抗真菌、抗病毒或抗癌等物质。如表皮葡萄球菌产生的细菌素，对葡萄球菌属、棒状杆菌、链球菌、肺炎链球菌等有杀菌作用。而皮脂腺内寄生的丙酸杆菌可将皮脂中甘油三酯分解成游离脂肪酸，对皮肤表面的金黄色葡萄球菌、链球菌和皮癣真菌有一定的抑制作用。毛癣菌可产生环状肽类物质，可抑制金黄色葡萄球菌和链球菌等感染。而一些能产生抗生素类似物的皮癣能抑制产生脚臭的短杆菌。

1.1.5 益生菌制剂在皮肤疾病临床治疗中的应用

益生菌特别是乳杆菌和双歧杆菌在医疗中的应用日渐增多。益生菌悬液定量杀菌试验的结果表明，细菌原液对大肠杆菌和金黄色葡萄球菌的杀菌作用均很好。当作用 2min 时，对大肠杆菌和金黄色葡萄球菌的杀灭率均可达到 99.99%。而在连续、多次涂抹含有益生菌制剂的原液后，用药部位出现轻微红斑、水肿等刺激反应，但皮肤刺激性反应小，属于"无刺激性"。

研究证明，乳杆菌和双歧杆菌的菌体发酵培养液或发酵培养上清液在体外试验均有不同程度的抑菌效果。在体外抑菌试验中，乳杆菌或双歧杆菌的主要抑菌成分存在于菌体培养液（代谢产物）中。婴幼儿过敏性疾病大部分是婴儿早期新生儿红斑和湿疹的延伸，早期预防过敏对婴儿免疫系统成熟尤为重要。益生菌的免疫保护作用可通过母亲直接带给婴儿。孕妇在产前连续服用含有益生菌的发酵制品4周以上，可显著降低新生儿皮肤红斑的发生率，也就是孕期应用益生菌对新生儿皮肤有保护性作用。一项芬兰的研究也表明，益生菌也有预防婴儿湿疹的作用。

1.2　微生物与口腔健康

口腔作为人体消化道的起始端，是一个复杂而完整的生态系统。人体所处环境条件适宜时，如温度、湿度、营养等为多种口腔微生物的定居、生长和繁殖提供了良好的生存环境。人体口腔微生物种类多达700种，其中有各种细菌、真菌，还有支原体、病毒和原虫等。口腔微生物菌群是人体最复杂的微生物集群之一，但截至目前，人类分离并培养出的口腔微生物不超过百种，研究的比较详细的只有几十种。

正常情况下，人体口腔各菌种之间、菌群与宿主口腔之间处在动态平衡状态，这种平衡对于保持口腔健康十分重要。当体内、外物理因素、化学因素、细菌因素等发生变化时，口腔内的微生物菌群生态平衡系统就会被打乱，口腔菌群失衡，致病菌过度繁殖，条件致病菌转变为致病菌，而正常口腔菌数量骤减，失去生理组合。这些变化均影响了口腔健康，甚至引发严重的口腔疾病（龋病、牙周病、口臭和口腔溃疡等）。目前研究普遍认为，口腔微生态系统失调的最主要表现就是龋病。龋病可发生于各年龄段的人群，但是多见于儿童。

1.2.1　龋病的发病趋势

在世界多数地区，龋病是一个重大的公共卫生问题。龋病不仅给个人带来病痛，同时也给医疗资源造成极大的浪费。在针对龋病高发性人群的流行病学调查研究显示，龋病在总体人群中分布较广泛，但并不是呈平均态势分布。个体龋病的易感程度也不同，70%的龋病发生在40%的人群中。患龋病人群中儿童龋病发生率更高，根据全国第二次口腔流行病学调查统计结果，儿童发病率已达83%，而且近年仍有大幅增长的趋势。因此，龋病作为牙体硬组织发生的慢性、进行性、破坏性疾病，是影响儿童口腔健康最常见的疾病之一。

1.2.2 龋病的发病机制及致龋菌

龋病是一类最常见的细菌感染性口腔疾病。人体牙齿牙釉质的主要成分是含有磷酸钙的羟基磷灰石晶体，牙菌斑内的主要成分为细菌。龋坏之前，局部牙菌斑和唾液等口腔微生态环境发生异常变化。口腔微生态系统的变化导致了致龋菌群（变形链球菌、乳杆菌和放线菌等）代谢活动增强，引起了菌斑 pH 值下降，从而牙釉质溶解性增加，导致钙、磷从釉质中丢失，脱矿区域开始在有相对完整电子密度的表层下形成，逐渐表层被破坏，致病细菌侵入，最终牙釉质表层破坏，形成龋洞。

龋病的早期是由于食物，尤其是含糖食物进入口腔后，经致龋菌发酵产酸，侵袭牙齿，使之脱矿产生的。龋病可以继发牙髓炎和根尖周炎，甚至能引起牙槽骨和颌骨炎症。儿童龋病往往出现疼痛的临床症状，进而影响咀嚼功能。龋病得不到有效治疗就会引发咀嚼功能完整性破坏、牙冠破坏消失、牙齿丧失、消化功能受影响等。目前主要的致龋菌有乳杆菌、变异链球菌和放线菌等，下面简单介绍乳杆菌和变异链球菌。

（1）乳杆菌

乳杆菌致龋理论一直存在争议，但其致龋性越来越受到人们的重视。乳杆菌是口腔内固有的寄生菌，也是口腔的条件致病菌。乳杆菌定植范围广，代谢可产生乳酸，乳酸可发酵多种糖类。但是乳杆菌的黏附能力相对较弱，其在牙菌斑生物膜中的数量较低，诱发龋病的作用不是十分明显，但是当龋损发生之后，乳杆菌就加速了龋病的进程。因为龋损发生后，乳杆菌数量会明显增加，牙本质和牙骨质在龋损脱矿之后会出现胶原暴露，而乳杆菌加强病变的黏附，同时还促进变异链球菌对牙齿的黏附。

口腔健康的人与患龋病的人唾液中乳杆菌的种类不同。口腔健康的成年人唾液样品中乳杆菌各种发酵类群所占比例差异不显著，但是龋病患者唾液样品中兼性异型发酵类群所占比例大，可达75%，其他2种发酵类群比例很低。在口腔龋齿病变过程中，乳杆菌组成发生了很大变化，一些种类乳杆菌数量大量减少，而兼性异型发酵类菌群开始增多。因此，口腔乳杆菌属于条件致病菌，即并非所有的乳杆菌都是致龋菌。

（2）变异链球菌

变异链球菌是造成龋病的主要原因。变异链球菌细胞内含有表面蛋白、肽聚糖、脂磷壁酸和多糖等成分。变异链球菌对牙齿表面具有选择性的黏附作用，造成了牙齿龋损，这与变异链球菌的细胞壁中脂磷壁酸、肽聚糖、表面蛋白和水不溶性葡聚糖等密切相关（付雪峰，2014）。变异链球菌还可产生果糖基转移酶、葡糖基转移酶、胞外糖基转移酶和蔗糖酶等，参与牙菌斑基质的形成。

1.2.3　龋病发生的风险评估

对个体患龋病的风险性进行评估是防龋病的一个研究方向。龋齿发生前，致龋病菌群数量、菌斑产酸能力、菌斑、唾液 pH 值和唾液缓冲能力等均会发生变化。龋病风险评估就是将上述这些因素作为重要参照指标，用以评价患龋病危险性的高低。白玉龙（2012）研究显示，在世界卫生组织（WHO）标准和国际龋病检测与评估系统（ICDAS）标准下儿童牙菌斑病变，变形链球菌与嗜酸乳杆菌可作为龋病风险评估中危险因素的检测指标。而以变形链球菌与嗜酸乳杆菌为检测指标与以其他不同致龋菌种为危险因素的检测指标相比，在儿童龋病风险评估及预防方面更有意义。

1.2.4　龋病的防治

龋病的发病率很高，发病范围广。WHO 已将癌症、心血管疾病和龋病并列为人类三大重点防治疾病。在龋病治疗过程中，人们曾尝试过使用抗生素或杀菌剂，在短期内已收到良好效果。但是抗生素或杀菌剂均不能长期使用，否则会打破口腔菌群的稳态平衡。传统预防龋病的方法除使用专用牙刷和正确的刷牙方法外，还有化学药物氟化物的应用。但是仅仅依靠刷牙和使用氟化物来预防龋病的效果并不十分理想。另外，人们对于氟的确切抗龋机制尚不清晰，因氟是在牙齿脱矿和再矿化的过程中发挥作用，因此所需剂量范围极低，需要在专业医生指导下使用，以防氟过量，对人体造成伤害。若从维护口腔菌群稳态平衡，并有效预防龋病的角度出发，探索出一种适用于正畸患者使用、无毒副作用、效果好的新型生态防龋药物将是今后研究的重点。

1.2.5　益生菌对龋病的防治

人体口腔是最先接触到益生菌的消化道起始部位，益生菌（尤其是乳杆菌）是口腔微生物菌群的重要组成菌，也是口腔疾病的条件致病菌。乳杆菌可在口腔唾液、舌和牙周袋等部位分离得到，其总量约占口腔菌丛的 1%。近年研究显示，一些口腔乳杆菌能够抑制致龋病原菌的生长和繁殖，与致病菌竞争口腔黏膜表面的黏附位点，并分泌保护口腔健康的物质或抑菌成分（有机酸、过氧化氢和细菌素等），从而有效防治龋病，保护口腔健康。

乳杆菌的代谢产物含有乳酸菌素等多种抑菌物质，对使用固定正畸患者口腔内明显增高的变形链球菌和乳杆菌有一定抑制作用，维护菌群平衡及预防龋病。日本市场上就有添加口腔益生菌的漱口水、胶囊和口香糖等商品。美国主要的口腔益生菌产品有片剂、酸奶、奶酪和口香糖等多种类型。而我国益生菌研究起步较晚，多数菌种购自国外，且菌种偏少。市场上涌现的益生菌产品主要是食品类与保健品类，益于口腔健康的益生菌产品很少，而且多数也都是进口产品。因此，研究出适合我国消费人群的口腔益生菌产品制剂的发展空间巨大，将是今后一段时间内的研究重点。

益生菌对口腔疾病的防治研究目前主要存在的问题有以下几点：第一，目前还没有统一的标准来筛选功能性益生菌菌株；第二，防治口腔疾病的功能性益生菌菌株的研究只停留在实验室的体外研究，尚缺乏临床试验数据来验证其功效；第三，益生菌调节口腔菌群生态系统平衡的作用机制尚不清晰。

综合以上问题，防治口腔疾病的功能性益生菌的筛选应当遵循以下几方面：第一，尽量从口腔或消化道中筛选功能性益生菌；第二，防治口腔疾病的功能性益生菌菌株应当具有良好的口腔黏膜保护作用，且除了产生乳酸外，还应能产生其他的抑菌物质，如过氧化氢或细菌素；第三，菌株在体外研究的基础上，应开展包括抗生素敏感性、产毒能力、对人体的副作用等方面的临床试验研究。

（1）口腔乳杆菌的种类

Teanpaisan（2006）发现健康人口腔中最常见的优势乳杆菌种类很多，主要有发酵乳杆菌（*L. fermentum*）、植物乳杆菌（*L. plantarum*）、唾液乳杆菌（*L. salivarius*）、鼠李糖乳杆菌（*L. rhamnosus*）、嗜酸乳杆菌（*L. acidophilus*）和干酪乳杆菌（*L. casei*）等，大部分口腔乳杆菌来自口腔分泌的唾液之中。

（2）口腔乳杆菌的黏附作用

具有益生作用乳杆菌的黏附能力直接影响其对口腔微生物的抑制作用。乳杆菌只有黏附于牙齿上，才能发挥其益生功能。当乳杆菌黏附于牙齿，便能有效抑制致病菌的黏附及其致病作用的发挥。Kang等（2005）研究显示，具核梭杆菌在口腔生物膜中起着重要作用，可通过共聚促进其他细菌在口腔中定植。如人体内或食物中的西伯利亚乳杆菌（*Weissella cibaria*）就可与具核梭杆菌共聚而发挥其益生功效。两种菌群的共聚作用可能是通过蛋白相互连接，西伯利亚乳杆菌细胞壁表面成分S-层蛋白在共聚中起主要作用，且该S-层蛋白在西伯利亚乳杆菌黏附于上皮细胞过程中也发挥重要作用。Haukioja等（2006）研究显示，益生菌嗜酸乳杆菌和双歧杆菌在唾液中存活可达24h以上，但两种菌对口腔黏膜的黏附能力有很大差异。嗜酸乳杆菌黏附能力显著强于双歧杆菌，因此推测，嗜酸乳杆菌和双歧杆菌可通过影响羟基磷灰石表面的菌斑生物膜的组成而抑制致病菌的黏附。以上研究说明，益生菌可影响口腔生物膜的组成，调控口腔菌群的平衡。Yli-Knuuttila的研究显示，健康人摄入鼠李糖乳杆菌GG（*L. rhamnosus* GG，LGG）14d后，口腔内LGG的量开始逐渐减少，因此推测LGG对口腔的黏附性不是长期的，而是暂时性的。

（3）乳杆菌对致龋菌的抑制

近年来，国内外对口腔益生菌防龋的研究显示，从健康成人唾液中分离到的植物乳杆菌和发酵乳杆菌，能抑制变异链球菌的生长与繁殖，也有自聚集和与其他口腔微生物共聚集形成生物膜的能力。如饮用含有罗伊氏乳杆菌的水或口服罗伊氏乳杆菌制剂可有效地减少唾液中变异链球菌的数量。固定正畸治疗患者使用乳杆菌 DM9811 代谢产物含漱液，对固定正畸患者龋病发生有一定预防作用，可以抑制和杀死正畸治疗患者口腔中明显升高的变形链球菌和致病乳杆菌，且可调节口腔内微生物菌群平衡。同时，乳杆菌代谢产物中的 H_2O_2 可抑制阴道嗜血杆菌、类杆菌和链球菌。H_2O_2 是一种非特异性物质，低浓度可以抑菌，高浓度可以杀菌。

但是也有文献指出乳杆菌预防和治疗龋齿存在一定弊端，因为乳杆菌发酵产生乳酸，乳酸能促进龋齿的发生。因此，龋病的发生过程中，口腔微生态系统和机理非常复杂，菌种多样性及各菌种之间的相互作用仍需要进一步研究。

（4）乳杆菌与牙周疾病

牙周病是口腔软组织最常见的疾病，是慢性细菌感染和炎性宿主相互作用的结果。牙周病症状有牙龈炎症和牙龈出血、牙周袋形成、牙槽骨吸收以及牙齿松动等。牙周病根据病变是否可逆以及炎症侵袭的程度，一般分为两类：牙龈病和牙周炎。牙菌斑是牙周病发生的起始因素，菌斑内菌群失调导致口腔微生物菌群与宿主免疫防御之间的平衡被打破，进而引起牙周组织炎症性改变。有研究显示，健康人群口腔中乳杆菌的检出率，尤其是革兰氏乳杆菌和发酵乳杆菌的检出率显著高于慢性牙周炎患者，提示牙周疾病可能与口腔中有益乳杆菌数量的减少及口腔微生物菌群失衡有关。

截至目前，我国牙周病的预防和治疗并不理想。我国第三次口腔健康流行病学调查显示，牙周病在我国中老年人群中的患病率高达85%以上。牙周病的致病菌主要为革兰氏阴性厌氧菌，包括牙龈具核梭杆菌、放线杆菌、卟啉单胞菌、福赛拟杆菌、中间普氏菌和螺旋体等，这些致病菌在牙周袋定植并繁殖，产生致病酶、抗原成分或毒素等代谢产物破坏牙周组织。常规牙周病的预防和治疗方法是采用抗生素或消毒剂辅助治疗，短期内效果显著，但是长期使用抗生素或消毒剂就会导致更严重的口腔菌群失调。近年来，研究人员从微生物学角度探讨口腔益生菌与牙周疾病防治之间的关系。大量文献报道乳杆菌可预防牙周病，可改善口腔卫生，可用于配合治疗牙龈炎和牙周炎。如在牙周袋内植入益生菌作为治疗牙周疾病辅助手段，可以有效抑制口腔致病菌的再黏附，而且能够显著改善牙周疾病的临床症状。

另外，动物试验研究显示，从人口腔中分离出的嗜酸乳杆菌有一定抗致病菌作用，能够抑制白色念珠菌的黏附和降低小鼠口腔念珠菌感染率，且对口腔黏膜无副作用。临床研究数据显示，益生菌联合制霉菌素治疗小儿口腔念珠菌病的疗效显著好于单用制霉菌素，且复发率低，益生菌还能有效预防和治疗中老年人的口腔念珠菌病和口干症。

（5）乳杆菌与口臭

调查数据显示，全球有 10%~65% 的人曾患有口臭。口臭也称口腔异味，是一种常见的口腔症状，是指从口腔或咽等散发出的臭气，严重影响了人们的社会交往和心理健康。多数情况下，口源性口臭与牙周菌群失调有关。而绝大部分（80%~90%）的口臭是由口腔卫生造成的。除此之外，口腔摄入刺激性食物、新陈代谢失调、消化道疾病（如胃病）或呼吸道疾病均可引起口腔异味。口腔内革兰氏阴性厌氧菌可通过消化口腔内滞留的食物残渣、唾液和血液等而形成氨基酸，进而生成挥发性硫化物，挥发性硫化物主要包括 H_2S 和 CH_3SH 两种，其散发出来的异味就是造成口臭的根本原因。

对于口臭的治疗，一般可通过刷牙、刷舌苔和使用抗菌药物等方法缓解，但是这些方法只是暂时性地发挥作用，停止使用后口臭就会反弹。近年来有报道显示，某些益生菌可以有效缓解口臭。新西兰微生物学者从儿童唾液中最先分离出一株唾液链球菌 *S. salivarius* K12，并发现该菌可分泌细菌素，细菌素抑制了诱发口臭的相关细菌。摄入一定量的西伯利亚乳杆菌也可有效抑制口腔致病菌产生的挥发性硫化物，减少口腔异味。唾液乳杆菌也能缓解口臭症状。口臭患者舌背上的奇异菌属（*Atopobium parvulum*）、舌沟真菌（*Eubacterium sulci*）和口臭致病菌（*Solobacterium moorei*）较健康人群明显增多。但是健康人群口腔中唾液链球菌（*Streptococcus salivarius*）水平则普遍高于口臭患者，故唾液链球菌也被认为是一种潜在的口腔益生菌，可用于研究对口臭的影响。因此，不同的益生菌对口臭的预防和治疗机制也不同。

1.3 微生物与腹腔疾病

一个健康成人可能有 10^{14} 菌落形成单位（CFU）的肠道微生物。人体肠道菌群构成极为复杂，数量庞大，拥有最多数量的菌群。肠道菌群绝大多数菌属于厚壁菌门、拟杆菌、放线菌和变形菌门等。肠道内微生物菌群中双歧杆菌、类杆菌、消化链球菌等厌氧菌约占总菌量的99%，而肠杆菌、肠球菌等兼性厌氧菌约占总菌量的1%。消化道内不同菌群在不同的部位富集，在胃内微生物数量最少，主要包括乳酸杆菌、链球菌和酵母菌；十二指肠中菌群数量高于胃部，主要是乳酸杆菌和链球菌等；而结肠微生物菌群数量最高，主要为拟杆菌和厚壁菌门等。图1-2为人体胃肠道菌群分布。

人体肠道在不断地运动，食物也在不断地消化、吸收与排泄。肠道菌群就是在这种运动的环境中进行细菌的增殖与排出，所以肠道微生物菌群是动态变化的，保持一定的动态平衡。研究显示，肠道黏膜上皮细胞、免疫系统和肠道微生物菌群之间的平衡状态与肠道的功能密切相关。人体肠道正常菌群在维持人体健康过程中发挥重要的作用。肠道菌群的细菌总数及其组成、比值可以在一定的幅度内变动，但与机体相适应，保持对机体的有益作用，这就是所谓生理性状态。当发生腹泻时肠道正常菌群发生变化，非优势菌过量繁殖导致肠道菌群失调，使原来的生理状态变为病理状态。

肠道菌群的作用：

第一，可促使免疫器官的成熟和促进免疫细胞的分化；

第二，参与物质的代谢以及营养物质的吸收；

第三，产生多种酶，参与营养物质的代谢合成，对人体正常功能的运转至关重要；

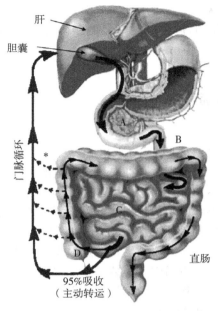

肝

胆囊

门脉循环

*

95%吸收
（主动转运）

A

B

C

D

直肠

小肠

A:十二脂肠(25cm)
~10³菌落数/mL
乳杆菌
链球菌

B:空肠
~10⁴菌落数/mL
乳杆菌
链球葡萄球菌
韦永氏球菌属

C:回肠
10⁶～10⁸菌落数/mL
肠道菌
肠球菌
拟杆菌
梭菌
乳杆菌
韦永氏球菌属

大肠

D:盲肠/结肠～10¹¹菌
落数/mL
拟杆菌，真细菌，双
歧杆菌，瘤胃球病菌，
消化链球菌，丙酸菌，
梭菌，乳杆菌，埃希氏
菌，乳球菌

图1-2 人体胃肠道菌群分布

第四，对于人体微生物的合成亦有重要作用，人体内维生素 K 主要由肠道内大肠杆菌合成；

第五，降低肠道细菌酶的活性，减少肠道内致癌物或助癌物的形成，加速致癌物或助癌物的排泄。

临床研究过程中，肠道微生物菌群的分析为肠道疾病患者提供了可靠诊断并对疾病作出相应预测。腹腔疾病患者的症状主要为腹泻和炎症性肠道疾病，如炎症性肠病和肠易激综合征等。此类疾病通常由基因和环境因素共同诱发，与无肠道炎症状的其他腹腔疾病患者相比，具有肠道炎症状的腹腔疾病患者的肠道微生物菌群组成不同，如肠道内双歧杆菌等有益菌的数量明显减低，这说明肠道菌群在预防炎症性肠道疾病过程中发挥着极其重要的作用。

1.3.1 肠道菌群分类

研究表明，人体肠道内约有 30 属 500 多种细菌。人体肠道菌群在肠腔中分为三层，即表层、中层和深层。表层细菌为可游动细菌，亦称腔菌群，主要由大肠杆菌、肠球菌等需氧和兼性厌氧菌组成。中层菌群为粪杆菌、消化链球菌、韦荣球菌和优杆菌等厌氧菌；深层菌群主要由与黏膜表面和黏膜上皮细胞紧密粘连的细菌，如乳杆菌和双歧杆菌等组成，该菌群称为膜菌群。人体肠道菌群按其生长方式分为需氧菌、兼性厌氧菌和厌氧菌三类。根据其复杂的种类与特性分为共生菌、双向菌和抗生菌。共生菌是与宿主存在共生关系，多为专性厌氧菌，具有营养及免疫调节作用，如双歧杆菌、类杆菌和消化球菌等；双向菌在肠道微生态平衡时是无害的，是条件致病菌，如肠球菌、肠杆菌；抗生菌多为过路菌，肠道微生态菌群平衡时，抗生菌数量少，不会致病，而肠道菌群失衡时便可导致疾病，如变形杆菌、假单胞菌等。

按对人体作用来分，肠道菌群分为有益菌、中性菌和有害菌三类，如图 1-3 所示。有益菌指双歧杆菌、乳酸杆菌等，是人体健康不可缺少的要素，可合成各种维生素，参与食物消化，促进肠道蠕动，抑制致病菌群的生长，分解有害、有毒物质等。中性菌常指肠球菌等，在正常情况下对健康有益，一旦增殖失控或从肠道转移到身体其他部位，就可能引发疾病。有害菌也称致病菌，大肠杆菌、弯曲杆菌、沙门氏菌、志贺氏菌等。有害菌失控时将大量繁殖生长，就会引发多种疾病，产生致癌物等有害物质或者影响人体免疫系统。

根据菌群的数量分为优势菌群和次要菌群两类。优势菌群是指菌群数量高于 $1 \times 10^{10} CFU/g$，对宿主发挥生理功能，影响整个肠道菌群的功能，决定菌群对宿主的生理病理，如类杆菌属、双歧杆菌属、梭菌属等专性厌氧菌，属于原籍菌群。次要菌群是指菌群数量低于 $1 \times 10^{10} CFU/g$，流动性大，有潜在致病性，大部分属于外籍菌群或过路菌群，主要是需氧菌或兼性厌氧菌，如大肠杆菌和链球菌等。

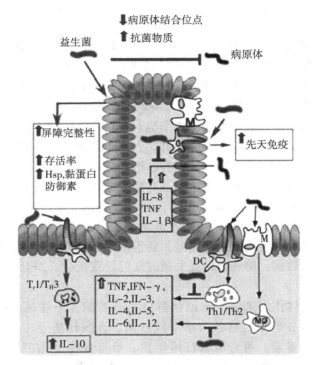

图1-3 益生菌与致病菌对宿主肠动态平衡作用

1.3.2 微生物与腹泻

全世界每年约有20亿次腹泻发生，并可引发170万人死亡。在发展中国家或地区，腹泻仍然是诱发人类死亡的主要原因之一。腹泻除了引起健康问题外，还引起人体营养失调、生长速度减缓和智力发育障碍等问题。腹泻可分为感染性腹泻和非感染性腹泻，其中感染性腹泻所占比例较高。

（1）腹泻发病原因

诱发腹泻的原因有很多，诱发感染性腹泻常见的病原微生物包括细菌、病毒、真菌、原虫等，其中致病菌是诱发腹泻的主要因素，常见的诱发腹泻的致病菌有致病性大肠杆菌、沙门氏菌、志贺氏菌、耶尔森氏菌、空肠弯曲杆菌、霍乱弧菌和金黄色葡萄球菌等。随着近几年来诊断技术的发展，人们从开始研究诱发腹泻的原因转向对诱发腹泻的机制进行研究。腹泻根据临床症状或流行病学研究可分为三类，急性腹泻、痢疾和持久性腹泻。

研究显示肠道微生物菌群失调是导致腹泻的主要病因。健康人肠道内是厌氧状态，pH 和肠道氧化还原电位均处于较低状态，肠道微生物菌群相对恒定，肠道内专性厌氧菌和兼性厌氧菌可适当地繁殖，非优势菌受到一定抑制和生物拮抗，使肠道微生物菌群保持稳定平衡的状态。但是当其他因素如疾病、药物、年龄和饮食等影响时，肠道菌群失调，大部分正常菌群中的生理性专性有益厌氧菌减少，而非发酵菌、副大肠埃希菌等致病菌大量繁殖，从而导致肠道抗感染作用减弱，引起肠道功能紊乱并出现腹泻。另外，腹泻时需氧菌或兼性厌氧菌增多，如肠球菌等（革兰氏阳性球菌），而厌氧菌明显下降，由此导致厌氧菌和需氧菌比值下降。如大连市某医院门诊对 57 例腹泻患者（慢性腹泻患者 22 例，急性腹泻患者 35 例）肠道菌群的改变及其差异进行分析研究，结果显示，急、慢性腹泻患者均存在肠道菌群失调的情况，但急性腹泻患者比慢性腹泻患者肠道微生物菌群失调更为严重。急性腹泻患者肠道双歧杆菌、乳酸杆菌及类杆菌显著减少，而肠杆菌增加。慢性腹泻患者乳酸杆菌显著减少，双歧杆菌和类杆菌减少不显著，但肠杆菌显著增加。

一般来说，急性腹泻与饮食、胃肠疾病史和抗生素的使用都有关系，而抗生素的使用破坏了正常的微生物环境，致使菌群比例失调。慢性腹泻多为急性腹泻的治疗不当，如抗生素使用不当等造成的，急性腹泻患者长期服用抗生素导致肠道微生物菌群失衡，从而便形成久治不愈的慢性腹泻。这种肠道正常菌群紊乱，使肠道微生物菌群失去平衡，诱导了肠道致病菌的侵袭，而且进一步加重腹泻过程，形成恶性循环。如婴幼儿迁延性腹泻病例中，厌氧菌（双歧杆菌）就明显下降，而需氧菌或兼性厌氧菌（肠球菌）则增多。

（2）微生物与婴幼儿腹泻

腹泻是婴幼儿常见病、多发病，也是世界范围内引起婴幼儿死亡的主要原因，尤以发展中国家和地区最为突出。据统计，发展中国家

5 岁以下住院的腹泻患儿中有 20%～50% 是轮状病毒肠炎患者。如前所述，正常人体肠道微生物菌群与宿主保持动态平衡，并与肠道黏膜共同构成人体生物屏障。婴儿出生时肠道内几乎是无菌的，1d 后细菌开始在肠道内定植和生长，3d 后，肠道内乳杆菌和双歧杆菌开始寄居繁殖，逐渐占据优势并成为婴儿肠道的优势菌群，是婴幼儿肠黏膜屏障中生物屏障的主要成分。

婴儿期肠道微生态最易受到外部因素以及内在因素的影响。当病毒入侵后，造成婴幼儿小肠绒毛病理改变，使肠道菌群内环境发生改变。对婴幼儿来说，轮状病毒和腺病毒是引起急重症腹泻的主要肠道病毒。全球每年约有 60 万婴幼儿因感染轮状病毒而死亡，且月龄越小，影响越大。研究显示，轮状病毒腹泻可致患儿肠道微生态失衡，轮状病毒肠炎越严重，患者肠道内有益菌双歧杆菌的数量下降越显著；而随着轮状病毒肠炎的恢复，随着受损的肠黏膜的修复，肠道双歧杆菌的数量也逐渐恢复。

当患儿感染轮状病毒时，其肠道的蠕动性增强，从而使肠道内气体含量增加，破坏了肠道原有的厌氧环境，从而有利于需氧菌的繁殖而不利于厌氧菌的繁殖；双歧杆菌和乳酸杆菌均属于益生菌，位于肠道菌群的最深层，黏附于肠上皮形成保护性菌膜，而肠球菌与大肠埃希菌属于共生菌，均附着于肠黏膜的表面，可以游动。轮状病毒感染后期严重的细胞损害减弱了益生菌的黏附能力，破坏了益生菌的生存环境，从而导致以上结果。

婴幼儿的腹泻除了轮状病毒引发的肠炎外，还有小儿急性菌痢和非感染性腹泻等。有研究显示，感染性腹泻或非感染性腹泻都有肠道微生物菌群的紊乱，表现在肠道优势菌（双歧杆菌）明显降低和兼性厌氧菌（乳酸杆菌）降低，需氧的大肠杆菌变化不显著。非感染性腹泻患者肠道内双歧杆菌和乳酸杆菌比感染性腹泻（急性菌痢、轮状病毒肠炎）患者下降显著，而大肠杆菌无显著性差异。

（3）微生物与老年人腹泻

老年人机体抵抗力差，肠道微生物菌群趋于老化，当日常饮食、卫生条件及其他严重疾病及广谱抗生素使用之后比青年人更易发生腹泻疾病。肠道菌群失调是引发老年腹泻的主要因素，因此，在预防和治疗老年人腹泻过程中要特别注意肠道的稳态平衡。由于老年人肠道菌群老化，肠道内生理性细菌明显减少，而需氧菌及兼性厌氧菌数量增加，引起菌群失调。老年患者在腹泻同时伴有其他基础疾病时，尤其是感染存在时多数应用抗生素。由于抗生素的应用使正常微生物群对抗生素产生了耐药性，因此，加强对肠道菌群的监测十分必要，避免菌群失调引起腹泻或菌群定位转移引起其他脏器的内源性感染。

（4）微生物与抗生素

随着人们对疾病治疗理念的转变，感染性疾病以杀灭病原菌为主的传统治疗方法得以改变，以恢复人体微生态系统平衡为最终目的的治疗理念被初步树立，使微生态制剂在临床治疗中得到广泛的使用。由此，人们也逐渐意识到这种无目的、广泛使用抗生素对治疗腹泻是不利的。经常服用抗生素药物一方面会破坏肠道微生物菌群平衡，也不能彻底将肠道中致病菌杀死，还会引起复发；另一方面长期使用抗生素治疗后会出现并发症，即抗生素相关性腹泻，如急性腹泻患者常服用抗生素就会引发久治不愈的慢性腹泻疾病。因此，临床医生注意对患者合理用药，对于腹泻患者应严格遵循抗菌药物使用原则，准确使用抗菌药物。

动物试验研究显示，使用抗生素治疗携带梭状芽孢杆菌的老鼠，可增加梭状芽孢杆菌孢子的脱落并促进其传染到没有感染的宿主。而当使用益生菌联合抗生素预防和治疗梭状芽孢杆菌引发的腹泻时，其效果要好于单独使用抗生素的效果。使用微生态制剂或中药制剂可有效地缓解症状，益生菌或活菌制剂可黏附于微绒毛的刷状缘和黏膜层不因肠蠕动而冲走，从而发挥拮抗肠道病毒侵袭的作用。同时，通过调节肠道微生态促进免疫调节及受损黏膜的修复，调整腹泻患者肠道微生态种群结构，改善肠道微生态，保护肠黏膜，促进人体内外环境统一，使宿主处于最佳生长发育状态。

不同病因的小儿急性腹泻患者的肠道正常菌群紊乱首先表现为双歧杆菌数量的明显下降，其次是乳酸杆菌数量的下降，尤其是非感染性腹泻患者，这种变化更为显著。因此，腹泻病治疗过程中，维持患者肠道微生态系统平衡，及时有效地补充双歧杆菌制剂以促进腹泻的痊愈和恢复具有重要现实意义。所以，在今后的一段时间里，用益生菌配合药物预防和治疗腹泻将是抗腹泻研究的趋势。

1.3.3 微生物与便秘

随着人们饮食结构的改变，精神心理因素和社会压力的增加，便秘已经成为影响人们生活质量的一个严重问题。便秘可发生于任何年龄阶段患者，发病率随年龄增长而增加。流行病学调查发现儿童患病率为 3%~8%，成人便秘患病率为 15%~22%，60~64 岁年龄段老年人功能性便秘发病率为 8.7%，高于 85 岁老年人便秘发病率高达19.5%。便秘是由多种病理因素引起的一种慢性肠道紊乱症状，指粪便在肠内停留过久，粪便干结、质硬、排便困难、排便时间延长、排便次数减少和粪便量少等症状，而无器质性病变，也无结构、代谢上的异常改变的一种功能性肠病。

（1）便秘的分类

便秘一般分为两类，器质性便秘和功能性便秘，器质性便秘是由各种疾病所引起的；功能性便秘是指非全身疾病或肠道疾病引起的原发性持续性便秘，是由多种病理因素所致。慢性功能性便秘（Chronic functional constipation，CFC）是临床上最常见的功能性肠病，便秘症状持久存在，同时伴有食欲减退、疲乏无力、下腹胀痛、头晕、焦虑、失眠等症状，而且与痔疮、肛裂和肝性脑病等疾病的发生有重要关系。老年便秘者中绝大多数为慢性功能性便秘。

（2）便秘的发病原因

慢性功能性便秘多发于老年人，是因为老年人活动量少，体质虚弱且卧床时间长，饮水量偏少，膳食结构中粗纤维含量普遍偏低，这些因素极易诱发慢性功能性便秘。近年的研究报道，肠道菌群失调是诱发老年人便秘的另一重要原因。老年人肠腺结构出现异常，分泌黏液减少，润滑粪便作用下降，使肠蠕动减慢，内容物通过结肠的时间延长等，以上变化是老年人便秘的病理生理学基础。随着社会人口老龄化趋势的加剧，老年慢性功能性便秘患者亦逐渐增加，并具有病因多、病程长、症状重、难治愈的特点。

（3）便秘诱发的其他疾病

现代医学证实，长期便秘会加重心脑血管疾病。心脑血管疾病的老年疾病患者，在便秘排坚硬粪块可诱发急性心肌梗死、心力衰竭、脑出血及颅内出血等严重疾病。长期的便秘也可形成痔疮、腹疝，也会使皮肤粗糙、色素沉着和形成颜面色斑，还会导致焦躁、抑郁等情绪异常。因此，慢性功能性便秘应引起医患双方的极大重视，并进行积极有效的早期防治。

近年来，随着对肠道微生物的深入研究，发现老年功能性便秘与肠道菌群失衡有关，肠道菌群失衡会引发功能性便秘疾病，而反过来慢性便秘也会加重肠道内菌群的失衡。

（4）便秘的治疗

对于一些便秘症状较轻的患者通过改变饮食方式，多运动，补充膳食纤维，增加饮水等方式可获得较好的疗效。而症状较重的便秘患者需慎重选择通便药物。治疗便秘的常用药物主要有四种，即刺激性泻药、容积性泻药、润滑性泻药和渗透性泻药。

其中刺激性泻药、容积性泻药、润滑性泻药均有一定不良反应。渗透性泻药能促进恢复生理排便，对患者较安全。刺激性泻剂作用多数较为强烈，长期使用反而加重便秘，停药后可逆。容积性泄剂作用温和，但其疗效不确切，且容易发生胃肠胀气，会影响营养物质的吸收。润滑性泻剂，其起效迅速，但可引起电解质失衡等严重不良反应，临床应慎用。渗透性泻剂如乳果糖等是目前常用于治疗功能性便秘的药物。乳果糖在结肠中被消化道菌丛转化成低分子量有机酸，刺激结肠蠕动，缓解便秘。但是这些药物均会带来一些潜在的副作用，因此寻找作用温和的治疗便秘药物具有重要意义。

微生态制剂可以补充大量的生理性细菌，纠正便秘时的菌群改变，促进食物的消化、吸收和利用。益生菌治疗功能性便秘是通过促进消化、吸收和利用，维持肠道菌群平衡的环境，协同改善肠动力，维持内环境稳定，增强免疫等来实现的。双歧杆菌经口服进入肠道后生长、繁殖并定植，防止肠道有害菌的定植和入侵，发酵糖产生大量的有机酸，使肠道的 pH 值下降，调节肠道正常蠕动，有助于缓解便秘。且微生态制剂使用安全，无明显的毒副作用。

另外，膳食纤维也具有改善便秘的作用。水溶性膳食纤维在肠道内呈溶液状态，有较好的持水力，且易被肠道细菌酵解，产生短链脂肪酸。这些短链脂肪酸能降低肠道内环境的 pH 值，刺激肠黏膜，促进肠蠕动，从而加快粪便的排出速度。不溶性膳食纤维具有较强的吸水力和溶胀性，且不易被消化道的酶消化或肠道内微生物所酵解，可以形成较多的固体食物残渣，增加粪便的质量和体积，使粪便柔软，易于排出，从而防止便秘的发生。

1.3.4 微生物与肠易激综合征

肠易激综合征（Irritable bowel syndrome，IBS）是一种免疫-炎症模式的胃肠道疾病。肠易激综合征主要表现为慢性反复发作性腹痛、不适或排便习惯的改变等，而组织学及生化指标检查未见异常。肠易激综合征的发病率约为 15%，反复发作，且病程长，严重影响患者生活。微生物导致的肠道局部持续性、低级别的炎症反应状态是其病理生理学基础。其临床可分为四种类型：便秘型肠易激综合征、腹泻型肠易激综合征、不定型肠易激综合征、混合型肠易激综合征。

肠道微生物菌群与肠易激综合征发生发展密切相关，许多研究也证实肠易激综合征患者与正常人肠道菌群构成上存在明显差异。如肠易激综合征患者大便中双歧杆菌数目明显低于正常人，而肠杆菌数目则显著高于正常人。肠易激综合征患者肠道内的需氧菌和兼性需氧菌如链球菌、大肠杆菌的比例增大，而厌氧菌以梭菌为主，拟杆菌及双歧杆菌比例下降。

总的来说，肠易激综合征的病因可能有以下几种。

（1）急性胃肠炎

部分肠易激综合征与早期罹患急性胃肠炎即感染后肠易激综合征有关。感染急性胃肠道疾病后的 3 年时间内，肠易激综合征的发病率增加显著。急性肠道感染主要临床症状包括腹部不适、发热、恶心、呕吐和腹泻等，腹部不适或腹泻等持续存在可发展为传染病后肠易激综合征。

（2）肠道微生物菌群失调

肠道微生物菌群的改变或失调导致小肠转运时间延迟、结肠扩张等肠道功能紊乱。拟杆菌和厚壁菌门是肠道最主要的有益菌群，在肠易激综合征患者肠道内其数量发生了显著变化。这虽不能说明肠道菌群紊乱与肠易激综合征的发病原因有关系，但肠易激综合征患者的确存在菌群的失调。

（3）肠道内气体的产生

肠易激综合征可能伴随着肠道内微生物数量增加，细菌的过度生长。细菌的过度生长增加了气体发酵，气体的产生改变了肠道运动，其症状也表现在腹胀、胀气和恶心等。益生菌联合抗生素使用可减少肠道内气体问题，也可缓解肠易激综合征症状。

（4）肠道微生物代谢产物异常

肠易激综合征人群肠道微生物代谢产物含量异常，导致肠道屏障功能障碍和免疫反应的改变，而临床表明抗生素在治疗肠易激综合征过程中有效。

肠易激综合征人群肠道微生物的构成和数量发生显著改变，肠易激综合征患者肠道中微生物多样性降低；优势菌群数量下降，尤其是乳杆菌和双歧杆菌等益生菌数量显著降低；腹泻型肠易激综合征患者肠道微生物的构成和数量比便秘型肠易激综合征患者的变化更加显著。因此，肠道微生物菌群的失衡与肠易激综合征的发生有紧密联系，通过益生菌调节肠道菌群治疗肠易激综合征是可行的办法。目前，国内用于治疗肠易激综合征的益生菌制剂有培菲康、整肠生等，广泛应用于所有类型的肠易激综合征。

1.3.5 微生物与炎症性肠病

炎症性肠病（Inflammatory bowel disease，IBD）是一种病因尚不明确的慢性非特异性肠道炎症性疾病，通常该病反复发作，久治不愈，而临床上亦无特效的治疗方法。一般来说，炎症性肠病包括克罗恩病（CD）和溃疡性结肠炎（UC）。炎症性肠炎在症状诊断后的 8～10 年内诱发肠道肿瘤的概率是增加的。

诱发炎症性肠病的病因非单一因素，而是多因素的。近年研究认为，肠道微生物及其代谢产物、遗传易患性、宿主肠道黏膜受损伤、获得性免疫应答失衡和潜在的慢性炎症等共同参与了炎症性肠病的发病机制。而肠道微生物代谢产物在炎症性肠病发病过程中发挥极其重要的作用。如微生物在代谢过程中可产生丁酸，丁酸是人体肠道黏膜上皮细胞能量的主要来源，可阻止促炎症因子的表达。因此，产丁酸的菌或者菌体培养上清液均能改善实验大鼠肠道的炎症情况。

动物试验研究表明，肠道在无菌环境条件一般不会出现炎症，但是当肠道恢复正常菌群状态时，就会出现肠道炎症。研究结果说明，肠道菌群环境与炎症性肠病的发病有重要联系。研究也证实炎症性肠病患者与健康人的肠道微生物菌群组成及数量有差异，炎症性肠病患者肠道微生物菌群多样性显著低于健康人。肠道微生物菌群可激活先天免疫并促进肠黏膜受损恢复，因此微生物失调可诱导实验动物的结肠炎。研究显示，炎症性肠病患者肠道内肠杆菌数量增多，而拟杆菌及某些厚壁菌门数量减少。也有研究显示，炎症性肠病患者肠道内柔嫩梭菌、球形梭菌等产丁酸菌含量减少，对丁酸的利用率也降低，说明微生物代谢对炎症性肠病起着重要作用。同样的研究也显示了溃疡性结肠炎患者肠道微生物正常厌氧菌如拟杆菌属、真细菌属、乳杆菌属等减少，微生物多样性降低了 30%，克罗恩病则降低了近 50%。

虽然已经证实炎症性肠病患者肠道微生物组成发生了变化，但是诱发炎症性肠病的是何种细菌或者微生物群落尚不完全清楚，而肠道微生物菌群组成的变化与炎症性肠病之间的相关性程度还不确定。抗生素在治疗炎症性肠病过程中发挥了重要作用。近年来，益生菌制剂配合临床药物对炎症性肠病的预防和治疗起了重要作用，其对部分炎症性肠病的治疗有效果。但是，益生菌制剂治疗炎症性肠病的效果有一定差异，如其对克罗恩病的治疗可能有效，但对于溃疡性结肠炎的治疗效果并不十分理想。因此，益生菌制剂预防和治疗炎症性肠病需进一步研究和验证。

坏死性小肠炎是一种严重的坏死性小肠疾病，坏死性小肠炎可能与肠道细菌缺乏多样性相关。坏死性小肠炎有极高的病死率，由于婴儿刚出生时肠道是无菌的，出生一年后肠道微生物菌群才趋于稳定平衡，因此，婴儿腹泻肠炎可能会发展成为坏死性小肠炎。

1.3.6　微生物与乳糜泻

乳糜泻是一种因遗传易感宿主对麦胶不耐受而引起的小肠黏膜慢性炎症性疾病，微生物群在乳糜泻的发病过程中起着重要作用。乳糜泻属于自身免疫性疾病范畴，任何年龄均可发病，但是儿童发病率高。

肠道微生物菌群在乳糜泻发病机制中的作用逐渐受到重视，肠道致病微生物菌群失衡可触发肠道持续性的炎症反应，使肠道免疫学稳态受损。健康成年人肠道的乳酸菌、双歧杆菌、大肠杆菌、拟杆菌属、葡萄球菌等较多，而乳糜泻患者肠道内的双歧杆菌较少，而且也缺乏多样性。乳糜泻患儿肠道内肉嫩梭菌属和拟杆菌属数量较高，而双歧杆菌、溶组织梭菌和象牙海岸梭菌等菌属的数量降低。由母乳喂养的婴儿和自然分娩的婴儿均可预防乳糜泻，这是由于喂养方式和自然分娩的方式补充了婴儿肠道缺乏的拟杆菌和丰富厚壁菌门。

1.3.7 微生物与急性胰腺炎

急性胰腺炎时肠道微生物菌群失衡失调，致病菌增多且过度繁殖。小肠细菌过度繁殖是指结肠细菌易位到小肠，由于微绒毛功能受损，可引起肠道蠕动和肠道内环境的改变。一般来说，人体肠道细菌易位是胰腺脓肿形成的主要原因之一。先前的研究表明，20%的急性胰腺炎患者血清内革兰氏阴性菌 DNA 阳性，研究结果证实了肠道微生物及细菌易位造成了急性胰腺炎的发病。急性坏死性胰腺炎伴有小肠细菌的大量生长与繁殖，而且胰腺炎疾病与十二指肠细菌过度繁殖呈线性相关。因此，可以认为人体肠道屏障功能被破坏以及细菌或内毒素易位是导致继发感染甚至死亡的主要因素（王子恺，2012）。

肠道微生物及其易位在急性胰腺炎发生发展过程中发挥重要的作用，但是，消除肠道微生物及其易位的影响并不能从根本上有效逆转或阻止急性胰腺炎的继续发病，因此，肠道微生物在急性胰腺炎中所发挥的作用还需进一步的深入研究（王子恺，2012）。

1.3.8 微生物与环境导致的肠道疾病

环境因素也会导致肠道吸收紊乱等症状。环境肠病患者感染后肠道黏膜损伤，小肠绒毛缩短，肠道渗透物及其渗透能力增加，导致肠道对营养物质的吸收下降，从而导致营养不良症状，这也对肠道微生物菌群造成一定的影响。目前认为导致环境肠病的原因有营养不良、慢性细菌感染以及排泄物污染等。

（1）营养不良

人体自身营养状况下降会导致肠道中微生物菌群数量和种类发生改变，导致慢性肠病的发生。

（2）慢性细菌感染

微生物是多种"旅行者腹泻"的发病因素，但是其症状会随着水、食物和环境的改善而逐渐消失。

（3）排泄物污染

发展中国家儿童感染环境腹泻比例很高，儿童感染环境腹泻后导致患者体重减轻或者营养发育不良。反之，营养不良和微生物等因素的复杂作用也导致了慢性肠病的发生。

1.4　微生物与内分泌系统疾病

近年来，肠道微生物菌群在肥胖、糖尿病和代谢综合征中的作用逐渐成为研究热点，研究也证实肠道微生物菌群参与了肥胖及胰岛素抵抗的发生。Sun（2014）研究指出，人体内寄存的微生物已随人类经过数千年的稳步进化，但近年来人体消化道微生物随着生活环境及社会因素等各方面影响发生极其显著的变化。这种改变导致宿主肠道微生物失稳，增加了致病菌侵袭的机会，并提高了"西方病"的概率，如炎症性肠炎、癌症、糖尿病、肥胖病、自闭症和哮喘等。目前，有关糖尿病、肥胖症、代谢综合征等疾病的病因学观点主要集中在不良饮食习惯、遗传易感性或者和体力、活动减少等几方面。

1.4.1　微生物与肥胖

近年来，肥胖是全世界增长最快的慢性健康疾病。随着经济水平的发展及人们生活水平的提高，肥胖开始出现了两个趋势，一是逐渐向青少年发展，二是由第一世界向第三世界发展。因此，无论在发达国家还是发展中国家，肥胖人数均日渐增加。根据 WHO 之前公布的数据，全球已经有超过 10 亿的成年人超重，其中有 3 亿人为肥胖症患者。在美国，约 2/3 的成人体重超标，1/3 的成人患肥胖症。

肥胖是一种以身体脂肪含量过多为主要特征的。肥胖是可以合并多种疾患的慢性病，并且与心脑血管疾病、糖尿病、高血压、非酒精性脂肪肝、脂代谢紊乱等疾病密切相关。肥胖及相关的代谢疾病已成为目前世界范围内公共卫生和健康问题的极大挑战（梅璐，2013），因此，如何预防以及治疗肥胖及其相关代谢性疾病，成为研究热点。体重超标和肥胖相伴随的是体内的慢性炎症以及在慢性炎症长期打击下身体各种机能的下降和紊乱，慢性炎症是肥胖以及肥胖相关的代谢综合征的典型特征（廖文艳，2011）。肥胖可引起一系列代谢紊乱，见图 1-4，其中大部分与血糖代谢紊乱有关。

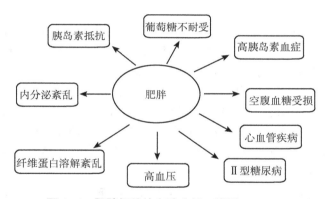

图 1-4　肥胖相关的紊乱症状（张勇，2013）

普遍观点认为肥胖是一个复杂的、多种遗传背景和环境因素相互协同作用的结果，但这仅仅是对肥胖的部分了解（梅璐，2016）。除了遗传因素和饮食影响以外，肠道微生物菌群是导致体重增加和脂肪积聚另一个重要因素。在这种情况下，人们逐渐认识到肠道菌群可能是连接基因、环境和免疫系统的重要因素（梅璐，2013）。

（1）肠道菌群与肥胖

肠道内栖息着大量的具有重要代谢功能的微生物，主要分布在人类的皮肤、口腔和胃肠道中，其中胃肠道的微生物占人体微生物总量的 78% 以上。大量的研究证明，与人体共生的肠道菌群不仅在消化、免疫、抗肿瘤及衰老等方面具有不可替代的作用，而且与肥胖等代谢性疾病的发生有着密切的联系（梅璐，2013）。研究证实肠道微生物直接参与了宿主能量的摄取、利用和储存，动物体内研究和人体的研究也证实肠道微生物菌群构成发生改变是导致肥胖的一个重要原因。肥胖人群相比于正常人群的肠道拟杆菌门丰度降低，而硬壁菌门丰度升高（王子恺，2012）。

高脂肪或者是高碳水化合物进食容易引发肥胖以及糖尿病，改变肠道内的微生物组成，但高能量饮食并不是引发实验小鼠肥胖的唯一原因，这是因为肠道菌群可能促进了葡萄糖的吸收；对多糖等碳水化合物通过肠道菌群的发酵，产生短链脂肪酸，增加了额外的营养物质吸收；与肥胖相伴随的高血糖和胰岛素血症是促进脂肪生成的重要因素（梅璐，2013）。

肠道内菌群主要由 9 个门的细菌组成，其中占绝对优势的是厚壁菌门和拟杆菌门，约占肠道微生态组成的 90%。近来的研究显示，肠道内厚壁菌门和拟杆菌门的比例与肥胖相关。相比于健康人的肠道，肥胖者肠道微生物多样性显著降低，拟杆菌门比例降低，而放线菌比例升高（梅璐，2013）。尽管目前确定肥胖者肠道内的优势微生物群还需要更多的试验研究，但是肠道微生物失衡在肥胖形成过程中有较大的影响，通过改变肠道微生物菌群构成是控制体重的一个重要研究方向（廖文艳，2011）。

十二指肠或者空肠疏通术可使患者的体重下降，血脂下降，对胰岛素的敏感性提高。十二指肠或者空肠疏通术患者术后体重明显低于腹腔镜缩胃手术患者，这说明了肠道微生物及其功能对肥胖和代谢具有重要调节作用。

（2）肥胖的治疗

对肥胖的传统治疗方法是控制饮食，利用药物干预及外科手术治疗。除遗传因素和营养过剩外，肠道本身原因也与代谢紊乱及肥胖有关。外科手术中采取疏通十二指肠或者是空肠的一部分，从而限制食物的营养吸收而达到治疗肥胖的目的。对一些手术治疗及长期口服药物患者来说，其术后的身体损伤及药物不良反应也应引起重视。因此，寻求更加安全和更加有效的治疗肥胖症的方法，对人体健康尤为重要。大量研究表明，益生菌可以调节肠道菌群以及改善体内弱炎症反应症状；很多研究显示中药具有确切的调节脂代谢作用，而且毒副作用小，材料容易获得且可长期服用等优势；两者又可相互作用，发挥重要作用（梅璐，2013）。

（3）益生菌与肥胖

肠道菌群紊乱在肥胖的发生发展过程中发挥着极其重要的作用。先前的研究表明，益生菌可通过产生抗生素，改善肠道黏膜的屏障功能，与有害菌竞争性排斥等机制抑制炎症的反应，改善宿主机体慢性炎症症状，对防治肥胖症等慢性疾病有一定的效果。因此，通过摄入益生菌可以有效地防治肥胖。目前益生菌在控制肥胖中的作用研究主要集中在益生菌减少对脂肪的吸收，增强降低脂解作用，免疫调控或代谢产生功能性物质等方面。

动物试验研究结果显示，益生菌在改善实验小鼠高脂饮食诱导的代谢综合征的各类症状，如肥胖、胰岛素抵抗或脂肪肝疾病的同时，也调节了实验小鼠的肠道微生物菌群构成，并且降低了与疾病指标呈线性相关的有害菌的数量，促进了与疾病指标负相关的细菌的生长繁殖，试验结果表明益生菌可能是通过调节肠道菌群结构从而达到改善高脂饮食诱导的代谢综合征。

益生菌也可增加饱腹感，减少食物摄入，降低体重和脂肪的蓄积。通过人为补充益生菌，可以调节人体肠道菌群比例，增加有益菌的数量，控制致病菌的生长与繁殖，从而起到改善全身慢性炎症水平的作用，促进外源性胆固醇排泄和增加饱腹感，从而达到控制体重的目的。

目前，很少将益生菌应用在控制体重以及抑制肥胖相关的一些疾病中，但是益生菌在控制体重等这些方面有着重要的意义。通过将益生菌应用在改变肠道菌群以及改善肥胖者肠道内的慢性炎症反应，从而改善肥胖症状以及一些代谢综合征具有很大程度的可行性。且随着现代基因工程技术以及生物信息学水平的不断提高，为进一步了解肠道菌群结构奠定了基础。因此，益生菌制剂可以作为一种改善肥胖的新疗法。

1.4.2 微生物与糖尿病

糖代谢是人体代谢的一个重要方面，在维持人体能量代谢中起着至关重要的作用。血糖水平的恒定可维持胰腺、血管、肝、肾、肠道以及神经系统正常功能的发挥。随着人们生活水平的提高，饮食结构的改变，由肥胖带来的血糖代谢紊乱，导致了心血管疾病的发病率增高。心血管疾病的前期症状之一就是血糖代谢异常。因此，近年来糖耐受量、胰岛素抵抗和Ⅱ型糖尿病都属于常见疾病。糖尿病（Diabetes mellitus，DM）就是指因胰岛素相对或绝对不足而引起糖、蛋白质、脂肪代谢紊乱的综合征。临床表现为"三多一少"，即出现多尿、多饮、多食、消瘦等症状。

糖代谢紊乱及其相关慢性病已成为全球性的难题，据官方统计，糖尿病在全球发病率均在升高。如在发展中国家，印度糖尿病患者总数位居全球第一，我国Ⅱ型糖尿病患者总数也很高。胰岛素抵抗、Ⅰ型、Ⅱ型糖尿病发病率高，是仅排在癌症之后的人类隐形杀手。而基于脑部神经耐受病变与阿尔茨海默氏症密切相关的Ⅲ型糖尿病也被提了出来。

糖尿病是因为胰岛素分泌作用缺陷而引起的以血糖升高为主要特征的代谢方面的疾病。糖尿病患者同时可伴有各种器官，尤其是眼、血管、心、肾、神经损害或器官功能受损或衰竭，严重时可导致残废甚至人早亡。而且糖尿病常见的发病人群不再仅为中老年人群，同样也出现在青少年人群中。因此近年来，糖尿病的预防和治疗已成为国内外学者研究的热点。糖尿病患者数量增长的主要原因为人口的快速增长、老龄化加剧、饮食结构的改变、运动量减少等。

根据美国糖尿病协会（ADA）、世界卫生组织（WHO）在1997年制定的糖尿病分型标准，将糖尿病分为四类，Ⅰ型糖尿病（胰岛素依赖型糖尿病，Type 1 diabetes mellitus，T1DM）、Ⅱ型糖尿病（Type 2 diabetes mellitus，T2DM）、妊娠糖尿病（Diabetes mellitus in pregnancy，GDM）和其他特殊糖尿病四类，下面分别叙述。

（1）Ⅰ型糖尿病

Ⅰ型糖尿病在儿童和青少年人群中发病率高，其绝对依赖于胰岛素治疗，所占比例很少（<10%）。Ⅰ型糖尿病是一种主要由T细胞参与的自身免疫性疾病，通过T细胞破坏胰岛β细胞，使之无法产生胰岛素而造成人体的血糖显著升高。截至目前，Ⅰ型糖尿病病因还不十分明确。但研究普遍认为，Ⅰ型糖尿病发病是在外界因素和体内环境的共同作用下导致的。因该病的遗传所致的发病显著，有一定的家族发病性。近年来的观点认为Ⅰ型糖尿病与肠道微生物和肠道免疫的关系密切。

对患有Ⅰ型糖尿病大鼠肠道微生物菌群构成进行分析，发现Ⅰ型糖尿病大鼠肠道内拟杆菌门数量相比于正常实验组有所增加，且这种肠道微生物菌群构成改变在发病前就已经长期存在。当实验大鼠接受标准饲喂及抗生素治疗后，Ⅰ型糖尿病发病率降低50%。乳酸杆菌、链球菌和双歧杆菌的混合制剂可使非肥胖糖尿病小鼠局部和全身抗炎症细胞因子IL-10含量增加，并预防Ⅰ型糖尿病的发生。人体肠道微生物菌群及其与宿主先天性免疫系统之间的相互作用是诱发Ⅰ型糖尿病的重要因素。以肠道微生物菌群为研究重点，从肠道微生物菌群与自身免疫系统的相互作用展开研究，将成为Ⅰ型糖尿病和其他自身免疫性疾病发病机制研究及治疗的新研究途径。

（2）Ⅱ型糖尿病

我国糖尿病患者达0.9亿人，而潜在糖尿病患者多达1.5亿人。据最新报道显示，我国糖尿病患病率迅速上升，并且以Ⅱ型糖尿病急剧上升为主。Ⅱ型糖尿病即非胰岛素依赖型糖尿病，一般在成年时期发病，所占比例大，约为90%。Ⅱ型糖尿病是以持续性、低级别炎症反应为特征的代谢性疾病，肠道微生物在其中发挥着重要作用。因Ⅱ型糖尿病是非胰岛素依赖型，大多数Ⅱ型糖尿病患者并不依赖胰岛素治疗，一般情况下，对日常膳食结构进行调控或采用药物控制后即可稳定血糖水平。

Ⅱ型糖尿病的发病机制十分复杂，受遗传因素和环境因素的影响很大，截至目前，尚未被完全阐明。若饮食以脂肪和低碳水化合物为主，就会导致体重增加而引发肥胖，从而增加了Ⅱ型糖尿病发生的危险性，患糖尿病的危险性也越高。目前认为Ⅱ型糖尿病与胰岛素抵抗和胰岛β细胞功能障碍有关。遗传因素研究认为，Ⅱ型糖尿病属于染色体多基因隐性遗传，家族遗传性也非常明显。II型糖尿病作为一种十分常见的内分泌人类代谢类疾病，成为继心脑血管、肿瘤等疾病之后的另一个严重危害人体健康的重要非传染类慢性疾病。II型糖尿病带来的并发症，及致残、致死率较高。

有研究证实，人体肠道微生物菌群参与了胰岛素抵抗的发生及发展过程。肠道微生物菌群可以对食物中尚不能被消化的营养物质进行酵解，例如：短链脂肪酸经肠道菌群酵解而分解为葡萄糖后可经肠道上皮吸收进入血液，伴随高血糖和高胰岛素血症。前述的这两个因素又促进脂肪形成。但是也有研究表明肠道微生物菌群通过调节胆碱代谢而影响胰岛素抵抗。

（3）糖尿病的防治

20世纪20年代，《美国医学会杂志》的一篇文章《糖尿病的预防》中就提出这样的观点："要把注意力不仅放在糖尿病的治疗上，更要注重糖尿病的预防"。因此，国际糖尿病联盟和世界卫生组织在1991年将每年的12月14日定为"世界糖尿病日"，旨在全球范围内呼吁人们提高对糖尿病的认识、重视，加强对糖尿病的预防和治疗。

我国糖尿病流行病学存在以下四个特点：① 随着人年龄的增长，糖尿病的患病率也随之升高，且发病年龄趋于年轻化；② 糖尿病的患病率有逐年升高的趋势；③ 糖尿病流行具有民族特点，不同民族的发病率存在不同，这与不同民族的人饮食习惯及生活习惯密切相关；④ 糖尿病患病率在不同层次人群也有所差异，如一二线城市和一些偏远小镇或者县城的发病率也有所不同。

在2009年，国际糖尿病联盟第20次学术会议提出了改善人的生活作息习惯，饮食结构或习惯，增大体力消耗及运动，可达到预防糖尿病的目的。随着人们生活水平的提高，生活方式逐渐向不良化发展，而随之而来的工作、生活及各方面的压力增加，另外运动量又相对减少，使糖尿病的发病概率升高且不断趋于低龄化。在世界范围内，II型糖尿病及其并发症的发病人群日趋增多，导致整个社会经济负担越来越高。因此，对糖尿病预防和治疗方法的研究成为了当今世界医学和科研工作者的共同目标。

国外近几年对糖尿病的预防，除饮食建议和运动预防外，一般集中在预防效果显著的药物干预上。绝大多数的糖尿病患者可以接受口服降血糖药物的治疗，所以口服降血糖药物已成为治疗糖尿病的重要手段之一。在临床应用中，常常将各类降糖药物联合使用，以达到更为理想的降糖效果。如服用利莫那班（Rimonabant）可控制或减轻患有体重超重者的体重，同时对心血管疾病发病率的降低有益。

但是因为化学类降糖药物在应用方面存在诸多缺陷，而且在实际应用过程中也常出现不同程度的继发性疾病，因此，在临床应用中受到了很多的限制。人们为了寻求更加安全、无毒副作用、高效的降糖类药物或保健食品，逐渐将目光转移至天然保健食品上。目前，市场上销售的降糖保健食品种类很多，如膳食纤维类、多糖类、有机铬类和富硒类等。

益生菌还有降低血糖的效果。对高果糖诱发的高胰岛素血症或Ⅱ型糖尿病动物模型进行研究发现，在饮食中补充益生菌可对葡萄糖耐受性产生积极的影响。益生菌除可以改善葡萄糖耐受性外，也被证明有降低模型大鼠血糖的作用。此外，一些研究认为益生菌通过对机体免疫功能的调节而达到血糖调节的作用，益生菌也能通过调节肠道菌群平衡，提高胰岛素敏感性，改善胰岛素抵抗，进而达到防治Ⅱ型糖尿病的目的。

1.4.3 微生物与代谢综合征

人类代谢综合征主要表现为与肥胖和胰岛素抵抗相关的代谢异常，代谢异常增加了个体罹患Ⅱ型糖尿病和心血管疾病的风险概率，其发病与遗传、饮食和环境等多种因素有关。目前，研究普遍认为肠道微生物及宿主肠道先天性免疫系统可能参与了代谢综合征的发生及发展过程，提示人体肠道微生物可通过先天性免疫系统诱发了代谢综合征。

1.5 微生物与肝胆类疾病

1.5.1 微生物与肝脏疾病

研究表明，肠道内细菌的过度生长与肠道内毒素的吸收与非酒精性脂肪肝密切相关。肠道内毒素通过血运到达肝脏，激活转录因子导致促炎细胞因子的释放，最后导致肝损害和纤维化。

目前有关肠道微生物菌群在糖尿病、肥胖和代谢综合征等相关疾病中的研究比较多，虽然肝脏类疾病与上述疾病所表现的症状有相似之处，但作为一类单独的疾病，了解肝脏类疾病发生时肠道微生物菌群特征性的改变很重要。寻求肝脏类疾病的病因、发病机制，为进一步临床预防和治疗提出了一定的帮助。

（1）肝硬化

肝硬化及其并发症是由肠道微生物菌群改变，肠通透性增加，细菌易位，内毒素血症和炎症细胞因子释放等因素诱发，是慢性肝脏疾病的生理病理学终末期的表现。基于早期传统微生物培养方法研究发现，肝硬化患者肠道内乳杆菌和双歧杆菌等有益菌数量显著低于正常人肠道数量。而采用基于宏基因组学策略的 16S rDNA 技术对肝硬化患者的粪便菌群进行分析，发现肝硬化患者粪便内拟杆菌门数量显著低于正常人群，蛋白菌和梭杆菌门含量则高于正常人群。

（2）非酒精性脂肪性肝病

非酒精性脂肪性肝病是代谢综合征的肝脏表现，是最常见的导致慢性肝损伤的原因之一，遵循脂肪肝、脂肪性肝炎、肝纤维化、肝硬化疾病发展过程。非酒精性脂肪性肝病的发病机制可能与胰岛素抵抗、脂质过氧化、炎症反应等因素相关。目前很多研究表明肠道微生物菌群参与了非酒精性脂肪性肝病的发生及发展过程。

非酒精性脂肪性肝病患者小肠细菌比健康人群生长过快，且生长的速度与脂肪肝严重程度明显相关。人体肠道细菌过度生长可促发胰岛素抵抗和胆碱缺乏等情况。肠道微生物通过脂多糖而诱发肥胖相关的机体炎症反应和胰岛素抵抗；高脂肪含量的饮食促使 LPS 从肠道转运至门静脉系统，并引起肠道菌群的构成、数量和比例改变，增加肠道黏膜的通透性，提高血浆内毒素水平。益生菌制剂可调节肠道菌群，产生抗菌物质，提高肠上皮屏障功能及降低肠道炎症反应，因此可能对非酒精性脂肪性肝病的治疗有一定的效果。

1.5.2　微生物与胆石症

胆固醇和胆汁酸的代谢及分泌异常是胆结石形成的主要原因，是胆石症的致病因素。除此之外，胆管运动不足和慢性炎症改变也是胆结石的致病原因。

肠道微生物菌群引起的慢性炎症反应在胆石形成过程中发挥着重要作用，胆石形成过程中常存在胆汁受到肠道细菌污染。传统微生物培养方法培养胆石症患者肠道细菌，显示污染胆汁的细菌大多数属于肠杆菌，还有一些分离出肠球菌和链球菌。肠道微生物菌群造成胆道梗阻时，肠通透性增加、细菌易位，这也是胆汁中出现细菌、炎症反应的原因之一，从而促使了结石形成。另外，肠道细菌污染可能也通过诱导胆汁淤积而诱发结石形成。

1.6　微生物与心脑血管系统疾病

1.6.1　微生物与心血管系统疾病

肠道微生物菌群与心血管疾病具有一定相关性。动脉粥样硬化是一种炎症性人类疾病，高脂肪的饮食结构及其伴随的内毒素血症和血管内免疫是重要的诱发因素，而肠道菌群可能是通过激活 Toll 样受体信号传导途径来影响动脉粥样硬化的发生与发展。巨细胞病毒、幽门螺杆菌以及衣原体等致病微生物与动脉粥样硬化有紧密联系，但是动物体内试验结果显示，无菌小鼠感染致病菌后与粥样硬化斑块发展程度无明显改变。心血管疾病的治疗一定采用抗生素，但是抗生素治疗心血管疾病的效果并不明显，近年来发现益生菌在预防和治疗心血管疾病效果显著，益生菌可使低密度脂蛋白和纤维蛋白原水平显著降低。

高血压是世界最常见的心血管疾病，常引起心、脑、肾等脏器的并发症，严重危害着人类的健康。高血压脑出血患者的机体常出现严重的代谢紊乱，自主神经调节功能紊乱及神经传导异常等。而且机体的免疫系统及免疫机能受到一定程度的抑制，导致机体发生严重的感染，甚至多器官功能衰竭。据资料统计，全球高血压患病人数超过5亿，而我国高血压患者超过1亿，发病率约为20%，而且患病率仍呈现不断上升趋势。

高血压脑出血症多发于中老年人群，发病后易出现肺部感染、尿路感染等多种并发症，在心脑血管病中病死率较高。血管紧张素转换酶抑制被认为是一种有效的治疗高血压的治疗方法。因此，研发以控制高血压、抑制血管紧张素转换酶已成为治疗高血压药物研发的重点。虽然这些降血压的药物效果较好，但是会引发各种不良反应。由于高血压脑出血疾病影响机体正常的胃肠道功能，难以保障有效的肠道内的营养，机体表现出负氮平衡，从而抑制了机体免疫系统的免疫机能，增加了该病的致死率。因此，高血压、脑出血患者胃肠道功能的尽快恢复，会提高患者的免疫功能，对治疗高血压脑出血有很重要的意义。

乳酸菌对人体健康具有很多调节作用，如调节胃肠道菌群组成、预防和治疗腹泻和免疫调节等。有研究显示乳酸菌也有降血压功效，而其降压作用来自以下三方面。

第一，以乳为基质的生长过程中，通过其胞外蛋白酶的蛋白水解作用，将食物乳蛋白中具有降压活性的肽片段释放出来。

第二，乳酸菌的菌体成分或其代谢产物具有降压功效，如乳酸菌细胞壁成分或其代谢产物多糖类。

第三，部分乳酸菌可耐受住胃酸的消化，小肠的胆盐环境，最终到达大肠并定居于肠道上皮，促进机体对部分可以调节血压矿物质的吸收。

1.6.2　微生物与精神性疾病

肠道微生物作为重要的环境因素可影响大脑的发育和中枢神经系统功能。有研究证实致病微生物感染与自闭症、精神分裂症等神经发育障碍之间有直接关系。动物试验显示，围产期暴露于致病微生物后可引起焦虑行为和认知功能受损。婴儿双歧杆菌可调节大鼠色氨酸的代谢，发挥了潜在的抗抑郁功能。肠易激综合征作为功能性肠道疾病，也常伴有焦虑、抑郁等精神症状。而自闭症患病伊始，胃肠道的功能就出现异常状，肠道微生物菌群构成也发生变化。如自闭症患儿肠道中梭菌，如产神经毒素的破伤风梭菌数量显著高于健康对照组。

1.7　微生物与免疫

肠道微生物在刺激肠道免疫成熟及维持全身免疫稳态方面起着重要的作用。人类免疫球蛋白缺陷病被认为与肠道功能紊乱同时存在。微生物与获得性免疫缺陷综合征（AIDS）就是由人类免疫缺陷病毒（HIV）引起的致命性慢性传染性疾病。人类免疫缺陷病毒主要侵犯的部位是 T 淋巴细胞，从而导致 T 淋巴细胞的数量呈现出显著减少趋势。免疫缺陷病毒长期感染的患者，血浆脂多糖水平显著升高，表明肠道微生物易位是慢性免疫缺陷病毒感染系统免疫激活的原因之一。常见变异型免疫缺陷病（Common variable immunodeficiency，CVID）的患者可出现肠道紊乱症状，如腹泻、腹痛、糖类吸收障碍等，导致体质指数紊乱。研究证实获得性免疫缺陷病程中的 $CD^{4+}T$ 淋巴细胞破坏大部分发生在胃、肠道黏膜淋巴组织，人类免疫缺陷病毒感染早期即可出现肠道黏膜 T 淋巴细胞大量消耗，进而影响肠道微生物菌群的稳态平衡（王子恺，2012）。

尽管机体可通过多种途径接触到微生物，但肠道微生物最为繁多，是最早也是最主要的刺激机体免疫的方式。机体免疫的发育和成熟主要依赖于生命早期微生物的暴露。免疫缺陷病毒感染早期即出现铜绿假单胞菌和白色念珠菌等数量显著升高、有益菌双歧杆菌和乳酸菌数量下降，同时肠道免疫指标有所升高。而早期艾滋病患者肠道菌群亦发生显著变化，有益菌群如双歧杆菌和乳酸菌等数量显著减少。现有资料证实，寡糖类益生元能显著增加人类免疫缺陷病毒感染人群肠道有益菌数量，并在肠道内减少致病菌的定植，有效改善了获得性免疫缺陷综合征患者的相关免疫学指标。

无菌动物模型的成功建立，促进了对肠道微生物菌群与机体之间相互影响的研究。共生微生物是导致免疫功能下降和免疫球蛋白 A 分泌减少的直接因素。总之，肠道微生物菌群可能是免疫缺陷疾病发病机制的关键因素，从宿主与肠道微生物菌群角度出发，探求免疫缺陷疾病的发病机制及预防和治疗将是今后研究的重点。

1.8　微生物与类风湿性关节炎

肠道微生物菌群作为环境因素在类风湿性关节炎的发病机制中发挥重要作用。类风湿性关节炎目前病因尚不明确，其发病与主要组织相容性复合物和白细胞抗原等遗传因素有关，也与环境因素存在密切关系。类风湿性关节炎以关节滑膜炎为特征的慢性全身性自身免疫性疾病。类风湿性关节炎患者肠道中双歧杆菌、拟杆菌属等有益菌含量显著低于健康人群肠道内菌群。动物体内试验研究中，肠道微生物某些细菌的细胞壁降解产物有致实验动物关节炎的作用。而人类肠道内正常微生物菌群可引起易感宿主关节滑膜组织的炎症反应。有关反应性关节炎的研究已证实滑膜组织内可出现致病菌，如耶尔森菌、沙门菌、志贺菌和弯曲杆菌等，而诱发局部组织的炎症反应。也有研究认为，类风湿性关节炎患者肠道微生物菌群的变化趋势与炎症性肠病有相似之处。

1.9　微生物与特应性疾病

特应性疾病的肠道微生物假说认为肠道微生物菌群构成异常增强

了免疫系统对过敏原的反应，增加哮喘和其他特应性疾病的发病概率。而卫生学假说认为饮食结构及方式、抗生素应用、卫生条件等影响了个体微生物暴露程度，也是目前哮喘、荨麻疹、湿疹、花粉症等特应性疾病流行的主要原因。婴儿肠道内大肠埃希氏菌数量的增加可提高湿疹的发病率，而艰难梭菌数量增加可提高哮喘、湿疹等其他特异性皮炎的发病率。有研究显示孕妇在怀孕期间经常在农场等环境条件下，孩子出生后发生哮喘和其他特应性疾病的概率降低。因为妊娠期母亲暴露在微生物环境下，对婴儿出生后免疫功能的构建，以及后续特应性疾病的发生发展具有重要作用。

2 人体亚健康状态与肠道内微生物

现代人由于社会竞争加剧、环境污染严重及不良生活方式等原因,导致很多人感到不适,经常性地易于疲劳、反应迟钝、焦虑、紧张。医学上把这类似病非病的类似现象称为亚健康。人体与生存的环境要相适应,这一适应过程即是机体与体内菌群的平衡过程,也是健康与疾病的转化过程。完全适应即健康,而不完全适应则为亚健康,完全不适应就发生疾病甚至死亡。据报道,符合世界卫生组织关于健康界定的人群只占总人群的15%,有15%的人处在疾病状态,而近70%的人则处在亚健康状态,且发生率在逐年增加。由此看来,人体亚健康状态和各种慢性病是公众健康的主要威胁,也是现代医学面临的难题之一。亚健康是身体功能退行性变化的一种反映,是由健康向疾病转化的中间过程。持续的亚健康状态很容易导致心血管疾病、呼吸及消化系统疾病和代谢性疾病,甚至发展成恶性肿瘤。

一般来说,人体微生态系统失衡,即有益菌减少而有害菌增多,是引起亚健康状态或各种慢性病的主要原因之一。除此之外,精神及社会压力过大、饮食结构与习惯不良、缺乏生活规律、医疗水平低、环境污染等也会造成人体亚健康状态。当亚健康发生时,肠道微生态环境失衡,或是发生由肠内本来无害的细菌导致内源性感染,或是让有害菌占据优势地位,并产生毒性物质或内毒素时,就会使人产生腹泻、便秘、厌食、免疫力低下、食物过敏等症状。

人体微生态平衡与健康互为影响,诱发人体亚健康的因素均能导致人体肠道微生态系统的失衡,而肠道微生态环境失衡是亚健康的结果,而且又加重了亚健康,最终诱发疾病。如诱发人体微生态系统失衡的因素包括自然因素(物理、化学和生物)和社会因素(饮食结构、精神生活、社会压力、医疗质量等），与诱发亚健康的因素一致。

2.1 心理因素与肠道微生物

很多炎症性肠炎患者发病与社会压力、心理因素或生活压力等有直接关系。心理因素、生活质量与炎症性肠炎患者胃肠道症状的严重程度有关，而心理症状的严重程度也会影响炎症性肠炎患者内脏敏感性。人在催眠过程中不同的情感以不同的方式影响肠道的敏感性，说明精神在调节内脏敏感性中的关键作用。很多学者认为，社会压力、生活压力或心理压力等能够诱发或加重功能性肠病，如肠易激综合征、克罗恩病及溃疡性结肠炎。炎症性肠炎患者在应激中及应激后均有内脏感知反应的改变，严重的应激可导致内脏和皮肤过敏，这证实了压力对内脏感觉的调节作用。此外，对炎症性肠炎患者进行心理治疗和选择性 5-羟色胺再摄取抑制剂治疗后发现，直肠扩张的耐受性增加、抑郁症和性滥用得到改善。

2.2 应激反应与肠道微生物

应激是打破机体内稳态的外界干扰因素或威胁，各种刺激使机体生理、内环境或行为方式发生改变。应激反应是机体对外界环境或机体内部各种刺激所产生的非特异性应答反应，是为了克服应激原的不良作用而保持机体在这种作用下处于的稳定状态。各种应激如压力、持续的应激性生活事件对人体胃肠道功能有重要影响。应激引起的脑肠相互作用的改变最终导致一系列胃肠道疾病，包括肠易激综合征、炎症性肠病或其他功能性胃肠疾病等。应激根据应激原的不同，一般分为冷应激、热应激和噪声应激等，最为常见的是以温度变化而产生的冷应激与热应激。

有过严重应激反应的个体，发展成创伤后应激障碍，且更容易患上一些身体疾病，如炎症性肠炎。由此提出假设，炎症性肠炎患者内脏敏感性可能受体内激素水平的调节。炎症性肠炎女性患者的症状在月经期加重，直肠敏感性随月经周期变化。炎症性肠炎在女性中的发病率是男性的 2 倍，因性别影响结直肠扩张的敏感性。此外，动物模型试验证明了激素水平对结直肠扩张敏感性的影响。

2.2.1 热应激

机体所处的外界环境温度是影响机体生理代谢及稳态平衡的重要因素，在高温时机体热平衡失调从而引起热应激。当遭受热应激时，宿主与肠道微生物菌群动态平衡受到破坏，正常的肠道菌群构成发生变化，热应激严重时会引发肠道炎症及相应的疾病。动物试验研究显示，热应激会导致大鼠肠道出血、肠道炎症反应，并引起肝、肾的损害。传统的理论认为动物通过应激反应调控机体生理代谢并使其达到新的平衡，这一过程是通过神经内分泌途径来实现的。但是最新的研究结果显示，通过基于神经系统调节的热应激机理并不全面。

2.2.2 冷应激

近年来，寒冷对于机体的生理机能和抗病能力等方面的影响已成为国内外研究的热点。寒冷作为应激原不仅引起机体的全身非特异性变化，而且寒冷应激过强可使机体出现异常反应，如寒冷引起糖皮质激素分泌过多，导致机体的免疫机能下降，从而诱发各种继发性疾病。

动物的慢性应激模型常被作为重现慢性心理应激的模型使用。动物的慢性应激模型反映了人类在持续的环境和生活压力中的体验。慢性心理应激引起了长时间的肠黏膜屏障功能障碍，导致轻度黏膜炎症。在慢性应激条件下大鼠出现肠道菌群失调，肠道通透性升高等应激状态，而双歧杆菌能够缓解慢性应激所导致的上述现象。

益生菌已广泛应用于感染性胃肠紊乱疾病以及各种炎症，能够显著改善应激性疾病的症状，如炎症性肠病。益生菌也可以维持肠黏膜屏障的完整性，阻止慢性应激模型大鼠肠道细菌的易位，但是其作用机制还不明确。虽然很多研究显示益生菌可阻断病原菌在肠道的黏附、提高肠道黏膜屏障功能，降低肠通透性，但由于益生菌存在菌株特异性，因此，有关其对肠黏膜屏障的具体作用机制需进一步研究。

2.3　疲劳与肠道微生物

疲劳是指由于中枢或外周原因，身体出现可逆性的力量与能供降低的现象，对疲劳的预防与恢复大致有以下几种途径。

（1）清除代谢产物

（2）补充能源物质

（3）使用兴奋剂

运动耐力的提高是机体抗疲劳能力加强最有力的宏观表现，而寻找安全高效、无毒副作用、不含违禁成分的药物或食物是今后研究热点。近年来，中药抗疲劳作用及其可能机制的研究取得一定进展，如用乳酸菌对黄芪进行发酵，得到的发酵产物具有抗疲劳保健功能。

2.3.1　运动型疲劳与肠道微生物

运动型疲劳是指机体生理过程不能维持其机能在特定水平上或不能维持预定的运动强度。乳酸是运动性疲劳产生的重要因素。由于机体剧烈运动而造成氧气供应不足，加速了糖酵解的供能方式。机体在无氧糖酵解反应过程中会产生大量乳酸，乳酸解离生成的氢离子占肌肉中酸性物质解离的85%以上。乳酸使肌肉 pH 值下降，从而引起一系列生理生化的改变，这是导致疲劳的重要原因。

2.3.2　慢性疲劳与肠道微生物

慢性疲劳综合征是一种医学无法解释的疾病，免疫系统紊乱、神经内分泌系统失常、神经心理的不正常都会诱发此病。慢性疲劳综合征患者的表现为至少 6 个月深感劳累，其发病率为 0.2% ~ 2.6%。美国研究表明慢性疲劳综合征和多发性硬化病、狼疮、风湿性关节炎、心脏病、晚期肾病、慢性阻塞性肺病及其他疑似慢性病一样危险。免疫机能下降和肠道微生物菌群失衡是造成慢性疲劳综合征发病重要原因之一。

慢性疲劳综合征常伴随肠道应激综合征的发生，两者有很高相似性。肠道应激综合征是以腹痛或排泄不正常为特点的肠道疾病，肠道应激综合征患者同正常人肠道微生物菌群有显著差异，慢性疲劳综合征病人肠道内大肠杆菌和双歧杆菌的数量较低，而粪链球菌则大量增加。

乳酸菌可以用来预防和减轻肠道功能紊乱，乳酸菌食品无论从成本和可用性方面，都是良好的治疗慢性疲劳综合征的方法。因为乳酸菌能通过影响生物细胞因子，使身体内各细胞水平恢复正常，并提高机体抗氧化能力来影响神经系统对免疫功能的调节，这对患有慢性疲劳综合征的病人或许有帮助。

3 医疗过程中肠道微生物的变化

3.1 抗生素的使用对肠道微生物的影响

近几十年来，由于人类滥用抗生素，导致具有耐药性的"超级微生物"的出现。抗生素虽在治疗疾病上发挥巨大作用，但是其对人体的不良影响也越来越大。众所周知，抗生素对人体肠道微生物菌群影响很大，长期使用抗生素，尤其广谱抗生素会导致细菌耐药性增加，更会引发机体肠道微生物菌群的失衡，甚至诱发坏死性肠炎。而最新的研究显示，使用抗生素有可能破坏肠道的先天免疫力，为耐抗生素细菌的繁殖提供了条件，这也是引起耐抗生素细菌感染的原因。

抗生素对肠道微生物菌群的影响主要取决于其抗菌谱、用药剂量、给药途径和药代动力学等因素。一般抗菌谱范围越广，口服用药后在肠道越不易被吸收的抗生素对肠道微生物影响越大。短期口服抗生素后，肠道厌氧菌及有氧菌急剧下降，如拟杆菌、乳杆菌等，而兼性厌氧的肠杆菌科数量增加，且这种改变可持续较长时间。

许多细菌、病毒及寄生虫对一些药物产生了耐药性，其繁殖和传播速度加快，造成抗生素对结核、疟疾、淋病等疾病丧失了疗效。目前，全世界都面临着滥用抗生素现象，因此，各国应进行广泛的国际合作，及时采取有效措施，控制"超级微生物"泛滥。

抗生素的滥用是直接破坏微生态系统平衡的重要因素。为了保护机体肠道菌群平衡，应少使用抗生素类药物；改善饮食结构，减少高热量、高脂肪、高蛋白饮食，适当增加粗粮的摄入；应多吃地下茎类食物，有利于促进益生菌的生长繁殖。益生菌可激活人体内双歧杆菌或乳酸杆菌等有益微生物菌群，对促进人体微生态系统平衡具有重要的作用。

3.2　胃肠道肿瘤患者治疗过程中肠道微生物的变化

　　肠道微生物菌群在人类宿主中的致癌作用越来越受到重视。目前已知的可能与结直肠肿瘤有关的肠道微生物有拟杆菌属的某些种（如脆弱拟杆菌）、败血梭菌、牛链球菌和大肠埃希菌的某些种，其他链球菌属如粪肠球菌、唾液链球菌和血链球菌等。胃部细菌在某些方面的存在也可诱发致癌过程，常见的是幽门螺杆菌介导的胃癌。世界上约50%的人类携带幽门螺杆菌，幽门螺杆菌是胃部微生物的一部分，与胃上皮细胞是互相作用的。当胃部炎症发生时，幽门螺杆菌在胃黏膜炎症处就会诱发恶性肿瘤，最初表现为慢性萎缩性（恶性肿瘤之前），随后在胃黏膜炎症处发生恶性转变。

　　结肠肿瘤的发展与不同的微生物及微生物的不同成分相关，目前认为导致人结直肠肿瘤发生的机制主要有以下3个方面。

　　① 某些微生物种属对肠道黏膜上皮细胞具有直接的毒性损伤；

　　② 某些肠道微生物的代谢产物对肠道上皮细胞具有毒性损伤，受损肠道黏膜上皮不能完全修复；

　　③ 某些肠道微生物使肠道黏膜促炎症反应信号传导机制异常，最终形成恶性肿瘤。

　　另外，流行病学研究显示饮食因素是影响结直肠肿瘤发展重要因素之一，高蛋白、高脂肪和低纤维的饮食结构提高了结肠癌的发病率。

　　大量研究证实，结直肠肿瘤人群与健康人肠道微生物菌群构成存在显著差异。结直肠癌人群中肠道拟杆菌门/普里沃菌属较健康对照组增多。结直肠癌及腺瘤性息肉病患者肠道内微生物多样性和优势菌群降低，但柔嫩梭菌和球形梭菌的多样性显著增加。肠道内甲烷含量多的人群比一般人群患结直肠肿瘤的风险低，而肠道内短链脂肪酸和丁酸盐含量显著降低的人群比一般人群患结直肠肿瘤的风险高。肠道微生物代谢产物如丁酸、甲烷等可能在结直肠肿瘤中发挥有益作用。

肠道内产甲烷菌可产生无细胞毒性的甲烷，而丁酸是肠道上皮细胞用以维持细胞稳定性和正常细胞表型的重要能量来源，可通过组蛋白超乙酰化抑制肿瘤生长和激活细胞凋亡。有人提出通过分子生物学方法检测肠道微生物分布可以对结直肠肿瘤的发生风险程度进行早期预警，通过大样本的人群流行病学研究，有可能找到结直肠肿瘤人群的肠道微生物构成和代谢特征，为结直肠肿瘤的早期发现及预防带来全新的思路和方法。

3.3 严重烧伤后肠道微生物的变化

肠道微生态平衡失调引起肠道功能紊乱，出现腹泻等症状在临床上屡见不鲜。腹泻也是严重烧伤后患者常见的并发症之一。西南医院烧伤研究所对就诊的 26 例烧伤患者（男 20 例，女 6 例）的粪便菌群进行分析，发现严重烧伤后粪便菌群总体菌量较正常下降，肠杆菌轻度下降，双歧杆菌下降近 1 000 倍，酵母样真菌显著升高。

严重烧伤患者肠道微生物菌群紊乱的主要原因有如下几方面：

① 重度烧伤在临床上多采用抗生素来治疗，大剂量广谱抗生素的应用造成肠道大量正常菌群死亡，而一些耐药菌株以及真菌迅速过度生长；

② 由于烧伤所致的肠道一系列的病理改变使肠道正常菌群所栖居的生物环境和微环境发生改变，使劣势种群过度繁殖；

③ 烧伤诱发的腹泻使肠道蠕动增快，肠内容物通过速度增加，从而影响了微生物的生长繁殖与定植；

④ 肠道黏液大量丢失破坏肠道黏膜的微生物屏障作用，导致肠道菌群紊乱，增加了致病菌在肠道定植的机会。

烧伤带来的腹泻并发症主要是原籍菌群的减少，使肠道微生态平衡受到破坏，肠道功能紊乱，进一步加重腹泻。因此，烧伤后可补充适量的益生菌以调整肠道菌群，促进微生态平衡的重建，对于减轻严重烧伤后腹泻的损害有益。

3.4 术后肠道微生物的变化

腹部外科手术后易出现感染并发症，而肠道细菌易位就与手术后的继发感染有关。这可能是因为服用大量抗生素，使微生物群的生态平衡破坏，一部分菌群产生耐药性，快速地生长繁殖，造成菌群失调。另外，肠道外科手术干预或截除，破坏人体正常的生理结构，宿主的生理状态发生变化，导致微生物环境破坏，肠道菌群失调。大肠癌手术是腹部外科最常见的手术，大肠癌患者在手术前肠道菌群就出现异常，有益的双歧杆菌减少，致病的大肠杆菌增多，且这种改变在手术后更加明显。

肠道手术后造成肠道菌群失衡状态的原因有：

① 肠道抗生素（庆大霉素与甲硝唑）的使用非选择性地杀灭厌氧菌和革兰氏阴性杆菌，抑制了有益的双歧杆菌的生长与繁殖；

② 肠癌手术过程中造成的创伤，失血与麻醉剂使机体处于应激状态，大肠杆菌大量繁殖，引起肠道菌群紊乱。

胆囊切除术后的患者常出现并发性疾病腹泻，多为功能性。胆囊切除后，胆囊功能突然中断，导致胆汁持续不断地流入十二指肠，脂肪的消化和吸收因没有足够的胆汁而发生障碍，就产生腹泻。胆囊的切除也导致胆盐吸收受到影响而过多地进入结肠，一方面刺激结肠的运动而引起腹泻，而另一方面在厌氧菌的作用下胆盐羟基化成双羟胆酸，双羟胆酸抑制结肠对水的吸收，使腹泻加剧。

胆囊切除术后病人若伴有腹泻，建议用双歧杆菌活菌制剂治疗。胆囊切除术患者肠道菌群发生了显著变化，有益的双歧杆菌和乳酸杆菌明显减少，大肠埃希菌和肠球菌明显增加。肠道有益菌双歧杆菌与其他厌氧菌一起定植于肠道黏膜表面，形成肠黏膜生物学屏障，阻止致病菌的入侵与定植。双歧杆菌对维持人体肠道内微生态系统的稳定发挥重要作用。给予胆囊切除术患者双歧杆菌三联活菌片治疗后，患者肠道双歧杆菌和乳酸杆菌数明显增加，而大肠埃希菌和肠球菌明显减少，有效地缓解了腹泻症状。

4 益生菌在胃肠道癌症中的应用

结肠癌的发生是多种原癌基因和抑癌基因相互协同作用的结果。结肠组织发生癌变分子机理复杂，但主要有以下几类。

① 结肠上皮细胞 DNA 发生损伤，但与修复相关的基因已丧失修复功能，导致了基因错配修复等；② 结肠癌变的基因被激活或者过度表达；③ 抑癌基因发生突变或丢失；④ 微卫星的不稳定；⑤ 端粒酶过度表达，细胞无限地进行繁殖；⑥ 细胞信号转导调控紊乱，细胞凋亡机制障碍；⑦ DNA 复制过程中体细胞的微卫星不稳定，发生了碱基错配导致重要的基因功能发生改变。

诱发结肠癌的病因很多，遗传、基因和环境等因素均可诱发人结肠癌的发生，但其中最主要的还是环境因素，而环境因素中最主要的当属饮食因素。Theo 等人于 2000 年将诱发结肠癌的环境因素划分为自然环境因素（地理位置、辐射和空气污染等）和非自然环境因素（饮食习惯、吸烟、饮酒和吸食毒品等）。除此之外，诱发结肠癌的还有肠道微生物菌群所产生的细菌酶，这些细菌酶在肠道释放致癌物或将无毒的非致癌物质转化成有毒的致癌物质，从而间接地诱发了结肠癌。

研究显示，益生菌是通过以下几个途径来实现抑制结肠癌功能的：① 改变肠道菌群的代谢活性；② 改变宿主结肠的理化特性，抑制肠道致病菌的毒性；③ 在结肠内结合或降解潜在的致癌物质；④ 益生菌代谢产生抗肿瘤或抗诱变的物质，发挥抗氧化作用；⑤ 抑制癌细胞生长及诱导癌细胞凋亡。除此之外，益生菌还调节机体免疫系统，起到免疫屏障保护作用，影响肠道细菌生长及相关酶的活性等。益生菌的这些功能体现在保护机体免受感染，预防癌症的发生，维持肠道内环境的稳定等方面。图 4-1 为益生菌抗结肠癌功能途径。

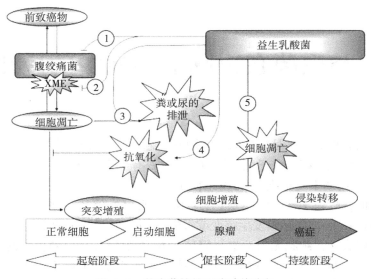

图4-1 益生菌抗结肠癌功能途径

研究显示，人在接触致癌物之前摄入一定量的益生菌对人体可起到有效的保护作用，益生菌是通过不同机制发挥抗癌作用的。体内试验结果表明，乳酸菌能够抑制胃癌、膀胱癌、结肠癌等多种癌症的发生。益生菌 *Lactobacillus casei* 和 *Lactobacillus rhamnosus* 可抑制结肠癌细胞的迁移。而乳杆菌可抑制 N-亚硝基化合物诱导的小鼠结肠癌。

乳酸菌还能吸附或结合多种食源性致癌物质，如杂环胺、黄曲霉素和苯并芘等，*Lactobacillus casei* 可结合致癌物质黄曲霉素 B_1。双歧杆菌等还可以抑制由亚硝基化合物诱发的大鼠结肠癌；*Bifidobacterium longum* 的冻干菌粉可明显抑制杂环胺诱发的 F344 鼠的结肠癌；在适宜 pH 值培养基中，乳酸菌也可结合杂环胺类物质，减少杂环胺对肠道的损伤；而 *L. acidophilus* 的活菌体可抑制致癌物对细胞的毒性损伤。LGG 可使人粪便中三种细菌酶的活力明显减少，甚至减少至 1/4～1/2；Lidbeck 等人在 1992 年研究显示，同时摄入烤肉和 *L. acidophilus* 发酵乳情况下，肠道粪便酶减少了近 28%；而 *Lactobacillus rhamnosus* LC705 与 *Propionibacterium freudenreichii* ssp. *shermanii* JS 的混合物可降低人粪便中

β-葡萄糖苷酶的活性。

但研究也显示这种对致癌物的结合或降解是可逆的，结合稳定性随菌株种类、环境温度和条件的变化而变化，在适当的条件下可发生逆转。Tanabe 等人在 1994 年的研究就显示，随着模拟肠液中胰酶和胆盐浓度的增加，乳酸菌结合杂环胺能力则呈线性下降；当胆盐浓度升高到一定程度时，乳酸菌则不再结合杂环胺类物质。由于人体结肠环境复杂，微生物菌群数量繁多，这些体外研究结果也不能完全代表人结肠真正的代谢环境。因此，保持人体肠道微生态系统的稳定是益生菌发挥抑癌功效的关键因素。

另外一些体外试验也显示，乳酪乳杆菌对乳腺癌 MCF7 细胞生长有抑制作用，而且乳杆菌可抑制人膀胱癌细胞的生长。另外，研究也显示从人粪便中分离出来的乳杆菌对骨髓瘤细胞生长与增殖有较强的抑制功效。嗜酸乳杆菌还可保护造血干细胞，减轻由放化疗所致骨髓抑制或白细胞减少，在体外能抑制白介素-8（IL-8）的释放，体内试验可降低胃癌发病率。益生菌还可通过提高机体免疫机能来实现其抗肿瘤功能，乳酸菌可使巨噬细胞活性增加，活化小鼠 NK 细胞，提高小鼠白介素-12（IL-12）的水平等。

4.1 益生菌改变肠道菌群的代谢活性

肠道正常菌群中的 *Lactobacillus* 和 *Bifidobacterium* 属细菌对促进机体健康尤为重要，常通过膳食改善肠道菌群。婴儿和成年人在摄食益生菌后，其肠道菌群结构和代谢活性均发生改变。一般情况下，摄食益生菌可使粪便中 *Lactobacillus* 和 *Bifidobacteria* 菌株的数量增加，粪便 pH 值降低，粪便中硝基还原酶活力降低，这种肠道理化条件的改变对肠道炎症或疾病患者大有益处。而在临床治疗中发现益生菌可以预防和治疗一些肠道疾病，可以帮助机体维持正常的肠道微生物区系、抑制病原菌生长。

4.2 益生菌抑制肠道致病菌的毒性

肠道微生态系统是人体的重要代谢器官，肠道菌群的失衡（有益菌群与有害菌群比例发生改变）是诱发结肠癌的重要原因。肠道菌群失衡情况下，结肠内的致病菌（*Bacteroides* 属、*Clostridium* 属和 *Enterobacteriaceae* 属等）就会产生一定量细菌酶，主要有 β-葡萄糖苷酸酶（β-D-*glucuronidase*）、硝基还原酶（*Nitroreductase*）、偶氮还原酶（*Azoreductase*）、7-α-脱羟基酶、胆固醇脱氢酶和脲酶等，这些细菌酶能水解葡萄糖苷酸并在肠腔中释放出致癌的糖苷配基，可间接地参与肠道致癌物生成过程，在肠道释放致癌物或在肠道内促进 N-亚硝基化合物前体物转化为致癌的 N-亚硝基化合物。7-α-脱羟基酶可在结肠中将残留的胆汁酸转化为致癌的次级胆酸。而肠道中 β-葡萄糖苷酶和偶氮还原酶能促进致癌物质如二甲基肼和亚硝酸盐的形成，诱导肠道癌症的发生。

人体肠道固有的益生菌群或摄入的益生菌制剂在人体代谢中发挥重要作用。益生菌可通过与致病菌竞争占位，竞争营养成分，而其代谢产物可抑制致病菌的生长，从而对肠道起到一定保护作用。当益生菌在肠道内占优势时，益生菌覆盖在肠上皮细胞表面，形成一道致密的防护层，阻止致病菌与上皮细胞的接触，致病菌不易在肠道定植。

当饮食中补充含有极少量这些酶的益生菌时，则可抑制含有细菌酶的肠道微生物菌群的繁殖，从而改变肠道微生物菌群的代谢活动，降低了人结肠癌的发病率。因此，在人体肠道环境内减少致癌物或助癌物等有害微生物的产生是肠道有益微生物防癌的重要机制之一。益生菌如乳酸菌和双歧杆菌不仅产生的肠道有害菌要比梭菌属和拟杆菌属少，而且还降低了可引发结肠癌的粪便酶的水平，并有降解亚硝基化合物的能力。健康的成年人摄入 *L. rhamnosus* LC705 与费氏丙酸杆菌（*Propionibacterium freudenreichii* ssp. *shermanii*）JS 的混合物就可降低肠道致病菌 β-（葡萄）糖苷酶的活性。人体摄入嗜酸乳杆菌 NCFM 和 N-2 对 3 种细菌酶 β-葡萄糖苷酸酶、硝基还原酶和偶氮还原酶的活性有显著的抑制作用。因此，说明人体连续摄入益生菌可维持肠道的健康。体外研究也显示，双歧杆菌 SPM 0212 可明显抑制肠道细菌酶的活性。因此，保持或提高肠道内乳酸菌和双歧杆菌的数量对维持肠道微生态平衡，预防癌症的发生有一定作用。由于人体结肠环境复杂，微生物菌群数量繁多，这些体外研究结果也不能完全代表人结肠真正的代谢环境。因此，保持人体肠道微生态系统的稳定是益生菌发挥抑癌功效的关键因素。

4.3　益生菌结合或降解潜在的致癌物质

研究显示人在接触致癌物之前摄入一定量益生菌对人体起到一定的保护作用。实验小鼠在接触致癌物之前摄入 *Lactobacillus rhamnosus* GG（ATCC 53103，LGG）和保加利亚乳酸菌减少了结肠癌发病率。而对已用 N-亚硝基化合物（1,2-二甲基肼）诱发肠道癌的小鼠喂食乳酸杆菌制品，也有明显的抑癌作用。益生菌能结合或降解潜在致癌物质，抑制由致癌物诱发的结肠癌，并抑制结肠肿瘤继续生长。

4.3.1　对环境化学致癌物的阻断

不同的乳酸菌在结肠均有抗 1,2-二甲肼对肠道损伤的作用。产过氧化氢酶乳酸菌、屎肠球菌（*Enterococcus faecium*）CRL183 和嗜酸乳杆菌均能抑制由 1,2-二甲肼诱导的小鼠结肠癌。对已用 1,2-二甲基肼诱发肠道癌的小鼠和大鼠喂食保加利亚乳酸杆菌发酵的奶制品后，也有明显抑癌作用。乳酸菌 *L. casei shirota* 可抑制由亚硝基胍诱导的小鼠结肠损伤。另外，双歧杆菌、鼠李糖乳酪乳杆菌等可有效降低氧化偶氮甲烷诱发大鼠结肠癌的致癌率。乳杆菌可抑制 *N-methylnitrosurea*（NMU）诱导的 C57/BL6 小鼠结肠癌；*L. casei Shirota* 可抑制由 N-亚硝基胍诱导的小鼠结肠 DNA 损伤；*L. acidophilus* 的活菌体细胞可抑制致癌物对组织细胞的毒性损伤。产过氧化氢酶乳酸菌、*Enterococcus faecium* CRL 183、双歧杆菌肽聚糖、嗜酸乳杆菌、*Lactobacillus acidophilus* 的发酵液和 *Lactobacillus bulgaricus* 191R 菌株均能抑制由 1,2-二甲肼诱发的小鼠结肠癌和引发的细胞遗传毒性。给予 C57/BL6 实验小鼠乳酸杆菌，则抑制了致癌物 N-亚硝基甲脲（NMU）对小鼠结肠的致癌作用。

　　人体在接触致癌物之前摄入乳酸菌可起到一定保护作用。小鼠在接触致癌物前摄入 *Lactobacillus* GG（LGG）可减少结肠癌发生率。给予实验小鼠 *L. plantarum* 299v，保护了小鼠因外源性辐射而造成肠道损伤及黏膜炎症的发生，并有助于结肠术后的康复。因此表明，乳酸菌可抑制致癌物在体内的代谢及保护机体免受致癌因素的损伤。

4.3.2　对饮食诱发结肠癌作用的阻断

　　益生菌还能吸附或结合多种食源性致癌物质。饮食所产生的致癌物主要包括亚硝酸盐类化合物、次级胆酸和杂环胺类等物质。2007 年，世界癌症研究基金会（WCRF）和美国癌症研究协会（AICR）均强调加工肉产品的摄入提高了人结肠癌的发病率。流行病学研究也显示，发达国家尤其是美国和西欧等，结肠癌发病率明显高于亚洲等其他发展中国家，其主要原因就是饮食结构不均衡。因此，饮食结构与人结肠癌发病率之间存在直接的关系。

　　熏肉、腌肉类等在高温环境下烘干，潮湿条件下储藏，在饱和氮气条件下烟熏并用硝酸盐或亚硝酸盐进行处理，就会使其 N-亚硝基化合物（NOC）含量增高。加工肉类的制作过程也使其杂环胺、多环芳烃和血红素铁等物质含量增高，这些物质均是结肠癌的诱变剂。因此，过多地摄入加工肉类食物，不仅会提高粪便 NOC 含量，其肠道癌症的发病率也随之升高。

　　加工肉产品中含有亚硝酰血红蛋白，有助于 NOC 的生成。亚铁血红素和亚硝酰血红素随摄入的肉类进入肠黏膜系统，经催化作用生成 NOC，NOC 在消化道内进一步诱发肠道黏膜细胞 DNA 损伤。红肉类还可诱导 p53 和 KRAS 基因的突变，从而诱发结肠的癌变。在加工肉类诱发人体结肠癌变过程中，益生菌起到阻止 NOC 对肠黏膜细胞 DNA 损伤和致突变的作用，并且通过减弱炎症反应来抑制 NOC 对结肠的癌变作用。

　　Oelschlaeger 等就指出乳酸菌可结合 NOC 或杂环胺类物质，减少这些物质引发的细胞 DNA 损伤，对宿主起到一定的保护作用。但也有研究显示这种对致癌物结合或降解是可逆的，结合稳定性随菌株种类、环境温度和条件的变化而变化，在适当条件下可发生逆转。消化烤肉类食品会使人体尿液中致癌诱变剂的含量提高，但摄入 *L. casei* 后，可明显减少尿液中诱变剂的含量。

　　不同的乳酸菌结合致癌物的能力不同，而且环境等方面因素也影响其结合能力。同一菌株结合不同杂环胺的能力差异显著，但不同乳酸菌株结合同一致癌物杂环胺的能力差异不大。至今，已有多项研究显示益生菌对 NOC 诱发的结肠癌具有抑制功效，如摄入益生菌会使尿液中对结肠细胞有害的遗传毒性成分减少。动物试验显示乳杆菌可抑制 NOC 诱导的小鼠结肠癌。

4.4　产生抗肿瘤和抗诱变的物质

　　至今，人们对益生菌抑制癌症的相关研究很多，但是真正具有抗癌功能的益生菌却并不多，而且益生菌不同成分抗结肠癌的功能也不同，表 4-1 所列出的是已证实具有抗癌功能的益生菌。研究表明，益生菌主要是通过完整菌体细胞、菌体成分或菌体培养液中代谢产物等来发挥抗肿瘤作用的。

表 4-1　发挥抗癌功能的益生菌

菌名	菌名	菌名
嗜酸乳杆菌	詹森乳杆菌	莱希曼氏乳菌
短乳杆菌	草绿色乳杆菌	肠膜明串珠菌肠膜亚种
植物乳杆菌	唾液乳杆菌	干酪乳杆菌乳油亚种
发酵乳杆菌	婴儿双歧杆菌	乳酸链球菌乳酸亚种
格氏乳杆菌	长双歧杆菌	乳酸链球菌乳脂亚种
瑞士乳杆菌	两歧双歧杆菌	德氏乳杆菌保加利亚亚种
纤维二糖乳杆菌	青春双歧杆菌	唾液链球菌嗜热亚种

　　综合益生菌抗癌作用相关研究，显示出益生菌培养液成分、菌体

细胞、热致死细胞、细胞壁成分、细胞质成分、菌体 DNA、菌体发酵产物或其他菌体成分，抑制了结肠癌细胞系 Caco-2、HT-29、SNU-C2A、胃癌细胞系 HGC-27 和 SNU-1 等的生长，并且使癌细胞进入分化阶段，从而起到抑制结肠癌的功效。

4.4.1　菌体细胞

乳酸菌的活菌体细胞有激活半胱氨酸天冬氨酸蛋白酶的功能，可导致结肠癌细胞的凋亡，还可抑制肿瘤细胞 Caco-2 增殖的作用。而 *L. acidophilus* 的活菌体细胞具有抗细胞遗传毒性作用。虽然热致死后可能会影响乳酸菌在肠道中的整肠作用，但是热致死后的乳酸菌仍可保存部分活性，仍有强激活半胱氨酸天冬氨酸蛋白酶的功能。Tuo（2011）和 Wang（2011）等的研究均表明，副干酪乳杆菌 M5 的活菌体在体外发挥免疫调节作用和抗结肠癌功能，M5 的热致死菌体可抑制结肠癌细胞 HT-29 的增殖，而其细胞成分还可诱导 HT-29 细胞凋亡。另外也有报道显示，LGG 和 *B. longum* 经过冻干后仍可抑制实验小鼠结肠癌腺瘤的生长；而分离自发酵乳制品的乳酸菌活菌体可抑制结肠癌 HT-29 细胞的生长。

4.4.2　菌体细胞壁成分

乳酸菌等革兰氏阳性菌的细胞壁具有免疫和抗肿瘤功能，可诱导血液单核细胞（BMC）产生大量 IFN-γ 和 IL-12。如从婴儿粪便中分离出的 RBL64、RBL81 和 RBL82 三株双歧杆菌，其细胞壁成分能刺激淋巴细胞的增殖和细胞因子 IFN-γ 和 IL-10 的释放。分离自发酵乳制品的 M5 和 T3 的细胞壁可促进 PBMCs 的增殖和 IL-12、IFN-γ、TNF-α 的释放；而菌株 M5 抑制了结肠癌 HT-29 细胞生长，并可诱导其凋亡。乳酸菌的细胞壁主要由肽聚糖、多糖和脂磷壁酸组成。研究普遍认为乳酸菌细胞壁的抗肿瘤作用是通过肽聚糖和脂磷壁酸等成分来激活免疫系统中的巨噬细胞、NK 细胞及 B 细胞等免疫效应细胞，使之分泌免疫效应因子来实现的。

肽聚糖（Peptidoglycan，PG）占细胞壁干重的 40%~90%，具有多种重要生理功能，研究表明乳酸菌的益生作用与肽聚糖有关。乳酸菌细胞壁肽聚糖能激活小鼠腹腔巨噬细胞，使之分泌免疫因子，并使IL-1、IL-12 和 TNF-α 的 mRNA 表达增强，从而提高小鼠的免疫功能。乳酸菌肽聚糖可显著抑制人结肠腺癌细胞（LS-174T）的增殖，还能抑制由 1,2-二甲肼诱导的小鼠结肠癌。副干酪乳杆菌 M5 肽聚糖也具有抗肿瘤功能，抑制 HT-29 增殖，并通过激活凋亡线粒体途径诱导 HT-29 细胞的凋亡。

脂磷壁酸也具有免疫功能，可刺激单核细胞产生 IL-1、肿瘤坏死因子（TNF-α）和 IL-6。*L. acidophilus* 就通过其细胞壁脂磷壁酸发挥免疫调节作用的。乳酸菌脂磷壁酸通过 Toll-2 刺激树突状细胞释放免疫细胞因子，而当细胞壁脂磷壁酸被去除后 *L. acidophilus*（NCK2025）的免疫调节机能丧失，不能有效地刺激树突状细胞释放免疫因子 IL-12 和 TNF-α，也不能调控 IL-10 的释放。此外，乳酸菌的细胞壁肽聚糖和脂磷壁酸是一氧化氮合成酶的诱导剂，能刺激小鼠巨噬细胞和其他免疫细胞产生一氧化氮。一氧化氮在机体物质代谢、信息传递、疾病防御等方面起着重要作用。

4.4.3　细胞质成分

乳酸菌的抗肿瘤作用也可通过其细胞质成分来实现，婴儿粪便中分离出的双歧杆菌 RBL64、RBL81 和 RBL82 的细胞质可刺激淋巴细胞的增殖和细胞因子 IFN-γ（干扰素）和 IL-10 的释放，乳酸菌的细胞破碎液（完整菌体已除去）可激活巨噬细胞，这些说明细胞质成分可通过机体免疫作用来实现抗肿瘤功能。乳酸菌 M5 和 K14 的细胞质成分也具有一定的抗癌作用。

4.4.4　乳酸菌的代谢产物

乳酸菌的培养液可抑制结肠癌细胞 Caco-2 和 HT-29 的生长，并且诱导 Caco-2 和 HT-29 细胞的凋亡。而 *L. acidophilus* 和 *Bifidobacterium* 的发酵上清液也具有激活巨噬细胞活性的功效。一般来说，乳酸菌培养液的抗癌功效是由其代谢所产生的多糖、有机酸（乳酸、乙酸、丙酮酸等）、细菌素和过氧化氢（H_2O_2）等物质所发挥的。这些代谢产物可抑制肠道病原菌的生长，结合致癌物质并随粪便排出，减少致癌物与肠道黏膜的接触，提高机体的免疫力并诱导肿瘤细胞的凋亡。青春双歧杆菌和保加利亚乳杆菌所产生的胞外多糖具有免疫调节作用，诱导巨噬细胞释放干扰素和 IL-1 等细胞因子。早在 20 世纪 80 年代就有报道瑞士乳杆菌产生的胞外多糖具有抗肿瘤活性。*L. caucasicus*、粪链球菌 (*Streptococcus faecalis*) 代谢产生的多糖能提高荷瘤鼠的迟发型超敏反应。而 *L. acidophilus* 和 *L. rhamnosus* 的胞外多糖通过促进 GRP78、Bcl-2 和 Bak 的表达而诱导结肠癌 HT-29 细胞的凋亡。然而也有研究显示双歧杆菌的胞外多糖对机体免疫系统没有明显的作用。

4.5　抑制癌细胞生长及诱导癌细胞凋亡

乳酸菌抗肿瘤作用也可通过诱导癌细胞的凋亡来实现。细胞凋亡是细胞在各种死亡信号刺激后发生的一系列级联式的主动性细胞死亡的过程。细胞凋亡调控着细胞有序的增殖，肿瘤发生的本质原因就是细胞凋亡系统紊乱，导致了细胞的无序繁殖。

益生菌可通过多条途径诱导癌细胞凋亡，具体如下：

① 通过 MAPK、ERK1/2AP-1、β-catenin 等途径抑制癌细胞的生长与增殖；

② 通过细胞凋亡各通路，诱导与凋亡相关的基因或蛋 p53、Bax、Bcl-2、Bid、Bim 等表达，从而诱导癌细胞凋亡；

③ 通过 p53、AP-1、p21、p16 等蛋白水平变化来调控癌细胞的周期；

④ 通过修复被损伤细胞 DNA 而发挥抗诱变作用。

研究显示乳酸菌就是通过内源性或外源性凋亡途径诱导癌细胞凋亡，从而抑制结肠癌。双歧杆菌 (*Bifidobacterium adolesentis*, *B.adolesentis*) 抑制肿瘤的生长，还可诱导肿瘤细胞的凋亡。*L. reuteri* 通过下调 NF-κB 基因的表达，抑制肿瘤坏死因子 (TNF) 对 NF-κB 基因的激活诱导作用，NF-κB 基因调控着细胞增殖与生长。分离自中国西部地区发酵食品的乳酸菌 *L. paracasei* subsp. *paracasei* M5、J23、

G15，*L. coryniformis* subsp. *torquens* T3 和 *L. rhamnosus* J5、SB5、SB31
有抑制人结肠癌 HT-29 细胞增殖的能力，副干酪乳杆菌 M5、X12 和
干酪乳杆菌（*L. casei*）K14 的细胞壁还可诱导 HT-29 细胞发生凋亡，
L. fermentum K11、*L. casei* X11 还可通过对 HT-29 细胞周期的阻滞来
诱导细胞的凋亡。这些结果说明在肿瘤细胞培养等体外研究中乳酸菌
具有一定抗癌功效，但是截至目前尚缺乏体内研究的支撑与验证，今
后该领域的研究重点还应集中在体内研究或临床试验上，并明确乳酸
菌抗癌的详细机制。

　　乳酸菌与人体健康有着密切的联系。近年来，人们对乳酸菌的特
性、分类和营养等方面的研究很多，尤其是乳酸菌在抗肿瘤方面的研
究更是引起了国内外学者的广泛关注。大量的体内和体外试验研究为
乳酸菌应用于肠道肿瘤的预防和治疗提供了一定的理论支持。目前对
乳酸菌抗肿瘤功能的具体作用机制仍缺乏较系统和全面的阐述，未来
在乳酸菌抗肿瘤功能研究的方向应该集中于乳酸菌实施抗肿瘤功能的
具体成分及其系统、完善的作用途径或机制。同时，随着发酵食品及
乳制品的加工工艺以及其他相关领域技术的不断发展，预防癌症的功
能性乳酸菌制品必将广泛地被人们所接受。

5 机体免疫与肠道微生物

人体免疫系统在机体肿瘤的发生与发展过程中起着至关重要的调控作用，近期研究显示乳酸菌的抗结直肠癌功能与其对机体的免疫调控机能密切相关。研究显示乳酸菌可使巨噬细胞活性增加，小鼠的 NK 细胞活化，促进人外周血单核细胞释放肿瘤坏死因子 TNF-α、白介素 IL-10、IL-12 等，并且刺激树突状细胞释放 IL-12、调控白介素 IL-10 的释放。这就说明乳酸菌可通过提高机体免疫力来实现抗肿瘤功能。本实验室前期在对分离自天然发酵乳制品和婴儿粪便的乳酸菌研究显示，副干酪乳杆菌 （*Lactobacillus paracasei* subsp. *paracasei*、*L. paracasei* subsp. *paracasei*） M5、*L. coryniformis* subsp. *torquens* T3、鼠李糖乳杆菌 （*Lactobacillus rhamnosus*，*L. rhamnosus*） SB5、*Lactobacillus rhamnosus*、*L. rhamnosus* SB31、*Lactobacillus rhamnosus*、*L. rhamnosus* J5、*Lactobacillus rhamnosus*、*L. rhamnosus* INI 的活菌体、细胞壁和菌体 DNA 在体外可促进血液单核细胞 （PBMCs） 的增殖，并促进 IL-12、IFN-γ 和 TNF-α 的释放，从而实现其促免疫的功能。以上研究结果均说明乳酸菌对机体具有一定益生功效，尤其可提高机体的免疫力，但目前此部分研究仅停留在体外研究及动物体内试验基础上，缺少临床实验的验证及相应机理性的研究。

5.1 乳酸菌对非特异性免疫功能的影响

非特异性免疫不仅具有早期抗感染的作用，而且还启动了特异性免疫。益生菌对非特异性免疫的调节作用是增强肠道黏膜系统的免疫屏障作用，增强吞噬细胞的吞噬能力，并且调控细胞产生各种细胞因子（如促炎因子 IL-1、IL-6、IL-12、IFN-γ、TNF-α 等，抑炎因子 TGF-β、IL-10 等）控制机体的炎症反应。

5.1.1　非特异性免疫简介

非特异性免疫（Nonspecific immunity），又称先天免疫或固有免疫，是个体出生时就具有的天然免疫系统，通过遗传获得，是机体在长期进化过程中逐渐建立起来的。非特异性免疫系统包括：

（1）组织屏障（皮肤和黏膜系统、血脑屏障、胎盘屏障等）

（2）固有免疫分子（补体、细胞因子、酶类物质等）

（3）固有免疫细胞（吞噬细胞、杀伤细胞、树突状细胞等）

5.1.2　非特异性免疫的特点

①非特异性免疫有遗传性，先天具有的，生物体出生后就具有非特异性免疫能力，并能遗传给后代。因此，非特异性免疫又称为物种免疫或先天性免疫。

②非特异性免疫的反应很快，一旦抗原物质接触机体，立刻会遭到机体的排斥和清除。

③非特异性免疫有相对的稳定性。这种稳定性既不受入侵抗原物质的影响，也不因入侵抗原物质的强弱或次数而有所增减。但是，当机体受到共同抗原的作用时，也可增强免疫的能力。

④非特异性免疫的作用范围广，机体对入侵抗原物质的清除没有特异的选择性。

⑤非特异性免疫是特异性免疫发展的基础，从个体发育来看，当抗原物质入侵机体以后，首先发挥作用的是非特异性免疫，而后产生特异性免疫。从种系发育来看，无脊椎动物的免疫都是非特异性的，脊椎动物除了非特异性免疫外，还发展了特异性免疫，两者紧密结合。因此，非特异性免疫是一切免疫防护能力的基础。

5.1.3　非特异性免疫的功能

人体的外围屏障是发挥保护机体功能的第一道保护屏障。人体皮肤系统是机体的第一道防线，这种保护作用包括：皮肤黏膜分泌物

（如汗腺分泌的乳酸、胃黏膜分泌的胃酸等）的杀菌能力；皮肤黏膜的机械阻挡作用和皮肤附属物的清除作用；体表和与外界相通的腔道中寄居的正常微生物丛对入侵微生物的拮抗作用等。

如果抗原物质突破人体的第一道保护屏障，而进入机体后，会遭到机体内部屏障的清除作用，机体内部屏障的清除作用有存在于人体体液中的非特异性杀菌类物质、淋巴细胞和单核吞噬细胞系统屏障作用、血脑屏障和胎盘屏障等。

（1）非特异性杀菌物质

在正常体液中的一些非特异性杀菌物质，如补体、调理素、溶菌酶、干扰素、乙型溶素、吞噬细胞杀菌素等，也与淋巴和单核吞噬细胞系统屏障一样，是机体的第二道屏障，有助于消灭入侵的致病微生物。

（2）淋巴和单核吞噬细胞系统

淋巴和单核吞噬细胞系统是机体的第二道防线。外源微生物进入机体以后，沿组织细胞间隙的淋巴液经淋巴管到达淋巴结，但淋巴结内的巨噬细胞会吞噬它们，阻止其在机体内扩散，这就是淋巴屏障作用。如果微生物数量大，毒力强，就有可能冲破淋巴屏障，进入血液循环，扩散到组织器官中去。到达组织器官中的微生物会受到单核吞噬细胞系统屏障的阻挡。机体内还有一类较小的吞噬细胞，主要是中性粒细胞和嗜酸性粒细胞，不属于单核吞噬细胞系统，但与单核吞噬细胞系统一样，对入侵的微生物和大分子物质有吞噬、消化和消除的作用。

（3）血脑屏障

血脑屏障主要是由软脑膜、脉络膜和脑毛细管组成。血脑屏障可以阻止致病菌或致病微生物等侵入脑脊髓和脑膜内，从而保护人体中枢神经系统不受致病微生物的损伤。血脑屏障随个体发育而逐渐成熟，婴幼儿容易发生脑脊髓膜炎和脑炎，就是因为血脑屏障发育不够健全。胎盘屏障是由母体子宫内膜的基蜕膜和胎儿绒毛膜滋养层细胞共同组成的。这个屏障既不妨碍母子间的物质交换，又能防止母体内的病原微生物入侵胎儿，从而保护胎儿的正常发育。

5.1.4 乳酸菌增强黏膜屏障作用

黏膜屏障是指正常消化道具有的将消化道内物质与机体内环境隔离的功能，它能够防止致病性抗原侵入黏膜下层组织，维持机体内环境相对稳定和机体正常生命活动。肠道黏膜屏障功能损伤与多种胃肠道疾病发生密切相关。乳酸菌广泛存在于胃肠道黏膜和生殖道黏膜表面，已有研究证实乳酸菌可增强组织的屏障作用，其作用大致通过以下三条途径。

① 乳酸菌促进肠道组织杯状细胞分泌黏蛋白，形成黏液层，增强肠道屏障功能。

② 乳酸菌促进肠道黏膜细胞分泌抗菌因子，这些因子是肠道屏障的重要组成部分，可抑制或杀死病原体。

③ 乳酸菌能促进肠道分泌 sIgA（分泌型免疫球蛋白），sIgA 通过与病原微生物表面抗原结合来保护肠道上皮细胞不受微生物侵袭，从而增强肠道屏障功能。除此之外，乳酸菌还可拮抗致病菌的感染，抗感染可能机制包括占位性保护作用，产生酸、细菌素和营养争夺等。

5.1.5 乳酸菌对固有细胞的影响

固有细胞包括单核吞噬细胞、树突状细胞、自然杀伤（NK）细胞和 T 细胞等。对吞噬细胞的影响主要表现为吞噬能力和产生细胞因子的变化。单核细胞是存在于血液的具有吞噬能力的免疫细胞，发挥吞噬和杀灭病原菌的功能，是机体非特异性免疫的重要组成成分。

许多乳酸菌可活化单核细胞，诱导其产生各种细胞因子。给小鼠喂食 *Lactobacillus rhamnosus* 和 *L. acidophilus* 能明显提高外周血单核细胞吞噬能力。将乳酸杆菌、肠上皮细胞和单核细胞共培养，可促进单核细胞分泌抑炎因子 IL-10 以减轻对外来抗原的免疫反应。IL-12 可激活 T 细胞，并刺激 T 细胞及 NK 细胞分泌免疫因子 IFN-γ，在 IL-12 促进 IFN-γ 过程中，T 细胞亦受 IL-12 影响。反之，IL-10 抑制 T 细胞分泌及 IL-12、IFN-γ 的生成，IL-10 刺激 B 细胞的成熟及抗体的产生，抑制促炎症因子的产生。人体肠道分离出的乳酸菌

L. plantarum、*L. rhamnosus* 和 *L. paracasei* ssp. *paracasei* 促进了血液单核细胞分泌 IL-12，参与了细胞介导的免疫功能。

但也有研究显示，人体肠道内分离的乳酸菌（革兰氏阳性）刺激了人血液单核细胞分泌 IL-12，而人体肠道内的大肠杆菌（革兰氏阴性）却促进了 IL-10 的分泌。巨噬细胞是存在于组织中具有吞噬能力的免疫细胞。研究乳酸菌对巨噬细胞的影响具有重要意义，其可刺激巨噬细胞分泌 IL-12 或 IL-10。口服 *L. rhamnosus*、*L. acidophilus* 能明显提高小鼠腹腔中巨噬细胞的吞噬功能。此外，研究也显示乳酸菌也可使巨噬细胞产生的细胞因子发生改变，如 *L. bulgaricus* 就刺激巨噬细胞产生 TNF-α 和 IL-6 等细胞因子。

中性粒细胞占血液白细胞总数的 60%~70%，具有很强被募集作用和吞噬功能。外来病原体侵入机体后中性粒细胞立即到达入侵部位并发挥吞噬功能。*L. rhamnosus strain* GG 使正常人体内中性粒细胞的表面受体 CR1、CR3 等表达增多，以提高其吞噬能力。NK 细胞可直接杀伤某些肿瘤和病毒感染的靶细胞，在机体抗肿瘤和早期抗病毒免疫过程中发挥重要作用。NK 细胞主要分布于外周血和脾脏，是非特异性免疫重要组成部分。

Haller（2002）用 *L. johnsonii* 刺激 NK 细胞可使其活化，使其分泌 IFN-γ、IL-12。树突状细胞（DC）存在于多种组织内，具有抗原提呈与免疫激活作用。Hanne 等人的研究显示，不同的乳酸杆菌可使 DC 分泌细胞因子的种类和数量不同，DC 分泌细胞因子的量与乳酸杆菌的作用剂量存在一定相关性。*L. plantarummay* 参与调控肠道的炎症反应，并通过调控 TLR-2 因子参与人体固有的先天免疫。

5.2 乳酸菌对特异性免疫功能的影响

5.2.1 特异性免疫简介

特异性免疫（Specific immunity），又称获得性免疫或适应性免疫，这种免疫只针对一种病原，是人体经后天感染或人工预防接种

（菌苗、疫苗、类毒素、免疫球蛋白等）而使机体获得的抵抗感染能力。一般是在微生物等抗原物质刺激后才形成的（免疫球蛋白、免疫淋巴细胞），有免疫记忆性，并能与该抗原起特异性反应，分为体液免疫和细胞免疫。

5.2.2 特异性免疫的特点

特异性免疫的特点有以下 5 点。

（1）特异性

机体的二次应答是针对再次进入机体的抗原，而不是针对其他初次进入机体的抗原。

（2）有免疫记忆

免疫系统对初次抗原刺激的信息可留下记忆，即淋巴细胞一部分成为效应细胞与入侵者作战并歼灭之，另一部分分化成为记忆细胞进入静止期，留待与再次进入机体的相同抗原相遇时，会产生与其相应的抗体，避免第二次得相同的病。

（3）有正反应和负反应

在一般情况下，产生特异性抗体或致敏淋巴细胞以发挥免疫功能的称为正反应。在某些情况下，免疫系统对再次抗原刺激不再产生针对该抗原的抗体或（和）致敏淋巴细胞，这是特异性的一种低反应性或无反应性，称为负反应，又称免疫耐受性。

（4）有多种细胞参与

针对抗原刺激的应答主要是 T 细胞和 B 细胞，但在完成特异性免疫的过程中，还需要其他一些细胞（巨噬细胞、粒细胞等）的参与。

（5）有个体的特征

特异性免疫是机体出生后，经抗原的反复刺激而在非特异性免疫的基础上建立的一种保护个体的功能，这种功能有质和量的差别，不同于非特异性免疫。

5.2.3 特异性免疫的形成过程

在抗原刺激下，机体的特异性免疫应答一般可分为感应、反应和效应 3 个阶段。

（1）感应阶段

感应阶段是抗原处理、呈递和识别的阶段。

（2）反应阶段

反应阶段是 B 细胞、T 细胞增殖分化，以及记忆细胞形成的阶段。

（3）效应阶段

效应阶段是效应 T 细胞、抗体和淋巴因子发挥免疫效应的阶段。

如果某些病原体突破了第一道防线和第二道防线，即进入人体并生长繁殖，引起感染。有的有症状，就是患病；有的没有症状，称作隐性感染。不论是哪一种情况机体都经历了一次与病原体斗争的过程。如得过伤寒病的人对伤寒杆菌有持久的免疫力，那是因为伤寒杆菌刺激机体产生免疫应答，增加了巨噬细胞的吞噬功能，同时在体内还产生抗伤寒杆菌的抗体。人体的免疫系统又能把伤寒杆菌这个"敌人"的特征长期"记忆"下来，如果再有伤寒杆菌进入，就会很快被识别、被消灭。

能进行免疫应答的免疫细胞有很多种，最重要的是淋巴细胞。它又分成两种，两种细胞的发育成熟过程不一样，一种是在胸腺内发育成熟，称作 T 淋巴细胞，在骨髓内发育成熟的为 B 淋巴细胞。具有吞食异物的巨噬细胞也是一种重要的免疫细胞，它具有"加工厂"的作用，即巨噬细胞吞噬异物（如细菌、肿瘤细胞等）后，对异物进行加工处理。处理后的异物（抗原）就与 T 淋巴细胞和 B 淋巴细胞发生免疫反应，它本身也能直接杀灭异物或者产生细胞因子参与免疫反应。

B 淋巴细胞受病原体刺激后，引起一系列变化，最终转化成为能产生抗体的浆细胞，所产生的抗体通过各种方式来消灭病原体，如溶解病原体，中和病原体产生的毒素，凝集病原体使之成为较大颗粒让吞噬细胞吞食消灭。浆细胞产生的抗体存在于机体的血液和体液中，这种免疫反应就称为体液免疫。

经处理后的病原体刺激 T 淋巴细胞后，也同样引起一系列变化，最终转化成能释放出淋巴因子的致敏淋巴细胞。淋巴因子种类很多，作用也并不相同，它们积极地参与到免疫反应中，这种免疫反应通常称为细胞免疫。体液免疫和细胞免疫二者之间不是孤立的，它们相辅相成，互相协作，共同发挥免疫作用。

5.2.4　体液免疫

B 细胞是参与体液免疫的致敏 B 细胞。在抗原刺激下转化为浆细胞，合成免疫球蛋白，能与靶抗原结合的免疫球蛋白即为抗体。免疫球蛋白（Immunoglobulin，Ig）分为五类。

（1）IgA

有分泌型与血清型。分泌型 IgA 存在于鼻、支气管分泌物、唾液、胃肠液及初乳中。其作用是将病原体黏附于黏膜表面，阻止扩散。血清型 IgA 免疫功能尚不完全清楚。

（2）IgD

免疫功能目前尚不清楚。

（3）IgE

IgE 是出现最晚的免疫球蛋白，可致敏肥大细胞及嗜碱性粒细胞，使之脱颗粒，释放组织胺。寄生虫感染，血清 IgE 含量增高。

（4）IgG

IgG 是血清中含量最多的免疫球蛋白，唯一能通过胎盘的抗体，具有抗菌、抗病毒、抗毒素等特性，对毒性产物起中和、沉淀、补体结合作用，临床上所用丙种球蛋白即为 IgG。

（5）IgM

IgM 是分子量最大的免疫球蛋白，是个体发育中最先合成的抗体，因为它是一种巨球蛋白，故不能通过胎盘。血清中检出特异性 IgM，作为传染病早期诊断的标志，揭示新近感染或持续感染，具有调理、杀菌、凝集作用。

还有一类无 T 淋巴细胞与 B 淋巴细胞标志的细胞，具有抗体依赖细胞介导的细胞毒作用，能杀伤特异性抗体结合的靶细胞，又称杀伤细胞（Killer cell），简称 K 细胞，参与 ADCC 效应，在抗病毒，抗寄生虫感染中起杀伤作用。再一类具有自然杀伤作用的细胞，称为自然杀伤细胞（Natural killer cell），即 NK 细胞。在杀伤靶细胞时，不需要抗体与补体参与。

正常情况下乳酸菌可使机体针对外来抗原的抗体产生增多。Gill（2000）用 *L. rhamnosus*、*L. acidophilus* 能使正常人血清抗体的产生明显增多。但在过敏者体内及过敏动物模型中，部分乳酸菌如 *L. casei shirota*、*L. plantarum*、*L. acidophilus* 使 TH 的分化向 TH1 偏移，使 TH1 型细胞因子减少并进而影响 IgG、IgE 的生成。sIgA 是黏膜免疫的重要抗体，在局部抗感染过程中起着关键的作用。*L. casei*、*L. acidophilus* 可使分泌 IgA 的浆细胞增多。

5.2.5　细胞免疫

乳酸菌可影响 T 细胞增殖、分化和产生细胞因子的能力，乳酸菌可提高 T 细胞针对有丝分裂原的增殖能力、使 T 细胞的数量增多。Shida（1998）报道 *L. caseiShirota* 使脾脏 T 细胞产生的 IL-12 增多。近年来关于乳酸菌对迟发型超敏反应（DTH）的影响已有一些报道，活的 *L. casei shirota* 可强化记忆性 TH1 型 T 细胞的活性和增殖能力，增强鼠体内抗原特异性的 DTH 效应，此效应与 *L. casei shirota* 进入机体的剂量和时间有关。

T 细胞是参与细胞免疫的淋巴细胞，受到抗原刺激后，转化为致敏淋巴细胞，并表现出特异性免疫应答，免疫应答只能通过致敏淋巴细胞传递，故称细胞免疫。免疫过程通过感应、反应、效应 3 个阶段，在反应阶段致敏淋巴细胞再次与抗原接触时，便释放出多种淋巴因子（转移因子、移动抑制因子、激活因子、皮肤反应因子、淋巴毒和干扰素），与巨噬细胞、杀伤性 T 细胞协同发挥免疫功能。细胞免疫主要通过抗感染、免疫监视、移植排斥参与迟发型变态反应起作用。其次辅助性 T 细胞与抑制性 T 细胞还参与体液免疫的调节。

5.3　乳酸菌激活机体的抗肿瘤免疫

乳酸菌的抗肿瘤作用与其对机体的免疫赋活作用分不开的。乳酸菌可提高肠道上皮细胞的屏障功能和提高机体的免疫机能，但是不同的乳酸菌菌株所发挥的作用亦不同，如 *Lactobacillus plantarum* 主要参与肠道的慢性炎症反应，而 *L. corniformis* 和 *L. paracasei* 则参与调控细胞因子如 IL-12、p70、IFN-γ 和 TNF-α 等释放。

大量研究证明乳酸杆菌作为生物应答调节剂是通过激活宿主多种免疫细胞和诱生多种细胞因子而发挥抗肿瘤作用，而且作为人体生理性细菌，对宿主无致病性，广泛用于预防人类肠道疾病。乳酪乳杆菌还可通过增强 NK 细胞的细胞活性而抑制或延迟小鼠肿瘤的形成。Murosaki 等在肿瘤形成不同时期用热处理后的乳杆菌 PL-137 株治疗荷瘤小鼠时发现，在肿瘤形成后期体内 IL-12 水平明显下降，此时注射 LPL-137 菌株可提高 IL-12 水平并有明显抗肿瘤作用，故推测乳酸杆菌抗肿瘤作用可能通过提高 IL-12 水平来实现，尤其在肿瘤形成后期。乳杆菌 LC9018 在治疗实验小鼠浅表膀胱癌试验中，在膀胱癌组织中检测到抗肿瘤细胞因子 IFN-γ、TNF-α 的 mRNA 局部表达，抗肿瘤作用明显；而用卡介苗治疗同类荷瘤鼠，则其抗肿瘤作用弱于乳酸杆菌。

乳酸菌的细胞壁主要由肽聚糖组成。细胞壁肽聚糖的主要组分是胞壁酰二肽，胞壁酰二肽激活巨噬细胞释放 IL-1 和 IL-6，诱导淋巴细胞产生 γ-干扰素（IFN-γ），IL-1 可促进 T 细胞和 B 细胞分泌抗体，还能增强 NK 细胞的杀伤作用。NK 细胞不需要抗原的刺激，也不依赖于抗体的作用，即能杀伤多种肿瘤细胞，在防止肿瘤发生中有重要作用。IL-6 可促进 B 细胞分化成熟，也可直接诱导 T 细胞增殖，并参与 T 细胞、NK 细胞的活化，对乳腺癌细胞、结肠癌细胞、宫颈癌细胞等多种肿瘤具有抑制作用。

巨噬细胞还是抵御细菌入侵和肿瘤发生的一道非特异屏障。巨噬细胞可以通过产生 NO 和超氧化物等可溶性因子杀灭细菌和肿瘤细胞，巨噬细胞对细菌和细菌产物的反应与对肿瘤细胞的作用机制相似。总之，乳酸菌的抗肿瘤作用是通过其细胞壁中的 MDP、脂磷壁酸来激活免疫系统中的巨噬细胞、NK 细胞及 B 细胞等免疫效应细胞，使之分泌具有杀肿瘤活性的细胞毒性效应分子，如 IL-1、IL-6、TNF-α、NO 以及多种抗体。此外，还能通过调控肿瘤细胞凋亡相关基因的表达，最终诱导肿瘤细胞凋亡。

综上所述，乳酸菌有利于维持人体内环境的稳定，对人体起到免疫调节作用，增强先天免疫，调节免疫应答反应等。这种活性不仅限于增强肠黏膜免疫功能，对系统免疫功能也有调节作用，且有利于维持人体内环境的稳定。除免疫功能之外，乳酸菌的益生功能还包括调整肠道菌群组成；调控人体肠道炎症反应及肠道致病菌的定植；调控腹泻、便秘；供给肠道上皮细胞短链脂肪酸及维生素；影响着人体的代谢反应，调控胆盐分泌，降低血液胆固醇水平；降低肠道内有毒有害物质浓度，抗癌和抗突变，改善幽门螺杆菌感染等。这些研究进展，对于进一步认识和利用传统的发酵食品、开发新的功能更强的乳酸菌发酵食品，具有重要的现实指导意义。

6 特殊环境与肠道内微生物

在自然界中，有些环境是普通生物不能生存的，极端的温度、极端的压力、极端的物化条件、极端的酸碱性、极端的盐度以及极端辐射等。然而，即使是这样被认为是生命禁区的极端环境里仍有一群特殊的微生物顽强地生存着，我们将这种微生物称为极端环境微生物或极端微生物（extremophiles）。极端微生物也具有丰富的多样性。目前科学界已发现的支持极端微生物生长的最高温度极限为121℃，最高盐浓度达到饱和的 5.2mol，最高压强为 130MPa（相当于 1 3000m 水深）以上，最高 pH 值达 11，最低 pH 值接近 0，最高耐受辐射剂量为 20kGy（是人致死剂量的 2 000 倍）以上等。极端微生物在极端环境条件下生长并繁殖，有适应极端恶劣环境的特殊细胞结构、生理机制和遗传基因等。极端微生物有着巨大应用价值的宝贵资源，是生物圈的边界生命，也为探索生命极限提供了线索。最近几年，极端微生物丰富的代谢类型和生活环境的多样性，这一研究领域变得更为炙热。极端微生物是科研工作者的一个全新研究领域。几十年时间里，对极端微生物的多样性研究就已取得了很大进展，如嗜热微生物从 1972 年的 2 个种增加到目前的 80多个种。

极端微生物是这个星球留给人类独特的生物资源宝库和极其珍贵的科研素材。开展极端微生物的研究，对于揭示生物圈起源的奥秘，阐明生物多样性形成的机制，认识生命的极限及其与环境相互作用的规律等，都具有极为重要的科学意义。极端微生物的研究虽然起步晚，但是发展很快。极端微生物在食品工业、环境保护、医药工业、能源利用、遗传研究和生产特殊酶制剂等多种生产和科研领域中发挥着极其重要的作用，具有广阔的研究前景与价值。

极端微生物研究主要包括新物种的发现、新产物的研究与生产、酶的结构与功能及其基因的克隆表达、适应机理的分子基础及遗传原理、基因组分析等方面。在农业方面，耐低温、耐高盐、耐高碱及耐干旱等极端环境的微生物是盐碱地生物改造、高温高盐碱环境污染治理的重要资源。极端微生物在环境保护方面也发挥着重要作用。在生产加工的过程中，利用耐高温极端菌高温酒精发酵，可实现发酵和蒸馏的同步化，极大地降低了生产成本。工业生产所产生的废水一般是强酸性、强碱性或者高盐含量的环境，只有极少数合适的极端微生物才能够分解工业废水中可能造成环境污染的毒性物质。极端微生物可净化水源和生活用水，而且极端微生物还可结合化学和生物的手段将有害物质转换为无毒无害，甚至是能源物质。

另外，极端微生物也成为新的抗生素和新药的重要来源。长期的进化以及特殊的生活环境决定了极端微生物独特的代谢和生理能力，能够产生普通生物所没有的活性物质。目前已经从各类极端微生物中提取到多种结构新颖的抗生素，因此极端微生物及其特殊的产物有可能形成新的产业方向，其特殊的功能和适应机制，是改造传统生产工艺和提升生物技术的有效途径。

我国对于极端微生物的研究始于20世纪60年代，我国幅员辽阔，纬度跨越大，特殊的地理位置与环境造就了丰富的极端微生物资源。1998年，中国科学院计划对耐热的云南腾冲嗜热厌氧杆菌进行全基因组测序，从而开创了我国微生物基因组时代。2004年，国家科技部启动了我国第一个有关极端微生物的国家重点研究计划项目"极端微生物及其功能利用的基础研究"。2006年，国家自然科学基金委启动了我国微生物领域第一个创新群体项目"极端环境微生物生命特征及环境适应机理"。近十年来，我国对极端微生物的研究向新的极端地域和领域扩展，开始了深海极端耐压微生物的研究，也开始了北极极端嗜冷微生物的研究。

6.1 极端微生物

6.1.1 极端微生物类群

极端微生物也具有丰富的多样性，主要包括嗜热菌（*thermo-philes*）、嗜冷菌（*psychrophiles*）、嗜盐菌（*halophiles*）、嗜碱菌（*alkophiles*）、嗜酸菌（*acidophiles*）、嗜压菌（*barophiles*）、抗极端辐射、耐干燥以及极端厌氧的微生物。通常按照表6-1将极端微生物进行分类。

表6-1　极端微生物分类（吴小丹，2011）

极端环境	分类	条件
温度	嗜冷菌	最适生长温度15℃，最高生长温度≤20℃
	耐冷菌	最适生长温度>15℃，最高生长温度>20℃，在0~5℃可生长繁殖
	嗜热菌	最适生长温度>50℃
	超级嗜热菌	最适生长温度>80℃
压力	嗜压菌	生长环境压力≥50MPa
pH 值	嗜酸菌	最适生长 pH 值<2
	嗜碱菌	最适生长 pH 值>9
辐射	抗辐射菌	可耐受诸如可见光、紫外线、X 射线和 γ 射线的辐射
盐离子浓度	嗜盐菌	生长环境盐浓度≥0.2mol/L（1.17%~30.45%）

极端微生物对于恶劣的环境具有较好的适应性，因此在生物技术开发方面具有很大的潜力。极端微生物所产生的酶在高温、高盐、高压、强酸或强碱条件下表现出极强的活性。

（1）嗜热微生物

嗜热微生物是指生活在高温度水、海底火山、热泉水（温度可达100℃）、热地区土壤及岩石表面、家庭及工业上使用的温度比较高的热水等高温地带的微生物，热泉是嗜热微生物的重要环境，大部分嗜热微生物是从热泉中分离的。根据最适生长温度的不同，嗜热微生物分为超级嗜热菌（最适温度 80℃ 以上）、专性嗜热菌（最适温度 40℃ 以上）和兼性嗜热菌。嗜热微生物基本上都是真细菌和古细菌，已鉴定出的嗜热微生物有 140 多种。

20 世纪 60 年代，美国的微生物学家 Thomas D. Br 在黄石国家公园 82℃ 热泉流出物分离出极端嗜热细菌，并命名为水生栖热菌；在冰岛有一种嗜热菌可在 98℃ 的温泉中生长繁殖；而 J. A. Barros 等在太平洋底发现了可生长在 250~300℃ 范围内高温及高压的嗜热菌。一般来说，最适生长温度在 50℃ 以上的微生物称为嗜热微生物，而 55℃ 对任何微生物都是个极端高的生长温度。嗜热菌是极端微生物中应用最广泛的一类微生物，国外进行了大量研究，嗜热菌中的嗜热酶更是被广泛开发利用。在发酵工业中，嗜热菌可用于生产多种酶制剂，例如纤维素酶、蛋白酶、淀粉酶、脂肪酶、菊糖酶等，由这些微生物产生的酶制剂具有热稳定性好、催化反应速率高的特点，易于在室温下保存。

嗜热微生物之所以耐高温，其主要机理有以下几方面：① 绝大多数革兰氏阳性高温菌的细胞壁是由 G–M 及短肽构成的三维网状结构，增加了菌的耐热性；② 嗜热菌细胞膜中含高比例的长链饱和脂肪酸和具有分支链的脂肪酸；③ 由于 tRNA 的 G、C 碱基含量高，提供了较多的氢键，故其热稳性高；④ 胞内蛋白质具抗热机制；⑤ 细胞内含大量的多聚胺；⑥ 许多酶类由于蛋白质一级结构的稳定及钙离子的保护，耐热性高。

（2）嗜冷微生物

地球上将近 75% 的生物圈属于低温环境，因此，温度是微生物菌群生长繁殖的一个主要限制条件。这些低温环境主要是由自然条件（南北极、寒带地区、高原及海底）产生的，如南北两极地、常年积雪的高山、高原、深海、岩洞等环境，除此之外还存在人造的低温环境，如冷库、冰窖和冰箱等，而在此环境中生存的特殊微生物即耐低温微生物，也称嗜冷微生物，可常年生活在极端低温环境下。低温微生物具有高生长速率、高酶活力及高催化效率的特点。

嗜冷菌的分布受温度限制明显，而且数量相对较少。根据最适生长温度的不同，将嗜冷微生物分为嗜冷菌（*psychrophiles*，在 0℃ 下生长繁殖，最适温度<15℃，最高温度不超过 20℃的微生物）和耐冷菌（*psychrotrophs*，在 0～5℃可生长繁殖，最适温度>15℃，最高温度可达 20℃的微生物）。这两类微生物的生态分布和低温生物学特性均存差异，微生物区系广泛，其中嗜冷菌种类最多，涉及 30 多个属。

早在 1887 年，Forster 在冷冻保存的鱼体中成功分离到一种细菌，该菌能够在 0℃下存活并生长。1902 年，Schmidt - Nielso 将能够在 0℃以下生存的特殊微生物群落称为嗜冷微生物。1962 年，Ingraham 和 Stokes 将嗜冷微生物重新定义为在 0℃条件下能够在 1～2 周内生长出肉眼可见菌落的一类微生物。2002 年，美国首次完成了对 1 株北极耐冷菌的全基因测序工作。

现已发现的嗜冷微生物有细菌、真菌、蓝细菌、酵母、嗜冷古生菌等，绝大多数嗜冷微生物为革兰氏阴性菌，其中真细菌是嗜冷菌中研究最多的菌群。从南极的-60～0℃低温环境中所分离到的嗜冷菌主要有芽孢杆菌属、链霉菌属、八叠球菌属、诺卡氏菌属和斯氏假丝酵母。从深海分离出来的细菌既是嗜冷菌，也是耐高压菌。

嗜冷菌适应低温的机制主要有以下几方面：① 不饱和脂肪酸含量增加；② 嗜冷微生物还产生了一些嗜冷酶，嗜冷酶与常温酶相比，氨基酸组成上发生一些变化，使其在低温下仍能保持较高的催化活性；③ 嗜冷菌在 0℃下具有合成蛋白质的能力，保证了低温下蛋白质的正常合成；④ 冷休克蛋白的产生使得冷休克基因能正常表达；⑤ 缩短酰基链的长度，增加脂肪酸支链的比例和减少环状脂肪酸的比例等，为膜的流动性提供了基础。

在异常寒冷的自然环境中，以嗜冷菌、耐冷菌为主的低温微生物在生态学方面具有明显的优势，它们能忍受经常遭遇到的大幅度快速的温度变化。从南北两极常冷的环境分离筛选，得到的微生物中只有很少部分可以确认为嗜冷菌，多数是耐冷菌。除了南北极超低温环境外，嗜冷菌在温带土壤、部分海洋和湖泊、岩洞等地区也有广泛的分布，而且数量相对较多，为兼性嗜冷菌，在极端环境条件下表现出了较强的生存能力。对于深海和冰窖之类的低温环境，温度相对稳定，所以从这些环境中分离筛选的嗜冷菌大多为专性嗜冷菌，但专性嗜冷菌对温度的变化非常的敏感，当温度超过 20℃，就会很快引起死亡。

嗜冷微生物会导致低温保存的食品发生腐败，甚至会产生细菌毒素。而嗜冷微生物在低温条件下对环境污染物能进行降解和转化，在工业和日常生活中具有许多应用价值。低温微生物经过温和的热处理即可使低温酶的活力丧失，而且低温处理不会影响产品的品质，因此可节省昂贵的加热/冷却系统，利于节能。低温微生物及其酶可替代化学方法，将废水污染物减小到最低程度。

（3）嗜酸微生物

自然环境中某些湖泊、泥炭土和酸性沼泽是较温和的酸性环境，而极端的酸性环境有各种酸性矿水、酸性热泉、火山湖和地热泉等。极端嗜酸菌一般就分布于这些环境中，根据最适生长 pH 值的不同，一般将嗜酸微生物分为嗜酸微生物和耐酸微生物。最适生长 pH 值在 3~4，中性条件下不能生长的微生物称为嗜酸微生物；能在高酸条件下生长，但最适 pH 值接近中性的微生物被称为耐酸微生物。

嗜酸微生物能在酸性条件下生长繁殖，需要维持胞内外的 pH 值梯度。嗜酸微生物的细胞膜是抵御外界酸性环境的重要保护伞，在酸性条件下，质膜上的脂质四聚体使质子几乎无法通过。一般来说，嗜酸微生物指最适生长 pH 值为 1.0~2.5，耐受 pH 值上限为 3 的一类微生物。氧化硫杆菌在 pH 值低于 0.5 的环境中仍能存活，一种头孢霉可在浓度为 10% 以上的硫酸中生长，是迄今发现的抗酸能力最强的嗜酸微生物。而在某些酸性环境中真核生物比原核生物具有更高的多样性，其中嗜酸真菌包括嗜酸酵母、丝状真菌及少数藻类。

嗜酸微生物适应酸性条件的机制有：① 脂质体囊泡结构在酸性条件下渗透 H^+ 离子，聚集在膜上的金属离子也可以和 H^+ 进行交换，以保持细胞内的中性环境；② 跨膜电位差的迅速变化以及 H^+ 离子的扩散作用也有利于嗜酸微生物的生存。但也有人提出嗜酸菌适应外部酸性环境机制的"屏蔽学说"，该学说认为细胞质膜是两种环境的渗透屏蔽物，使外部 H^+ 和 OH^- 都不能进入细胞内，进而维持胞内 pH 值近中性。

目前对嗜酸微生物的应用主要是其产生的嗜酸酶，嗜酸淀粉酶如今在各个行业都有广泛的应用。嗜酸微生物在工业上用于冶金提取矿物，如广泛用于铜等金属的细菌浸出，但是这类细菌的作用也造成严重的环境污染。美国宾夕法尼亚州的黄铁矿区就因为嗜酸菌硫杆菌的作用，产生的硫酸流入俄亥俄流域形成了天然硫酸巨流。嗜酸微生物也用于煤和石油脱硫处理含硫废气；嗜酸硫杆菌分解磷矿粉，提高磷矿粉的速效性，增加磷矿粉的肥效以便提高农作物的产量；嗜酸微生物也用于改良碱性土壤。

（4）嗜碱微生物

嗜碱微生物是一类最适生长 pH 值高于 9.0 的微生物，即在 pH 值 10~12 可生长繁殖，但胞内 pH 值接近于中性的极端微生物。嗜碱微生物主要包括细菌、真菌和古生菌等。嗜碱微生物主要分布在高碱性环境，如盐碱湖、碱湖（如青海湖）、碳酸盐荒漠、碱性泉水、沙漠土壤、含有腐烂蛋白质的土壤和环境中，或人为碱性环境是石灰水、碱性污水。这些环境中的 pH 值有时甚至高达 11 以上，根据对嗜碱微生物对碱性条件的耐受程度不同可以分为四类，见表 6-2。

表 6-2　嗜碱微生物的分类（吴小丹，2011）

种类	条件
耐碱微生物	pH 值>7 生长，最适 pH 值≤7
嗜碱微生物	最适生长 pH 值>9
专性嗜碱微生物	最适生长 pH 值≥10，pH 值≤7 不生长
兼性嗜碱微生物	pH 值>7 生长，pH 值≤7 也生长

在石灰湖中，许多蓝细菌也是嗜碱菌，最适生长 pH 值为 9~10。有一种藻类甚至能在 pH 值是 13 的强碱性条件下生长，这是至今发现的耐碱性最高的微生物。嗜碱微生物的细胞外被是其细胞内中性环境和细胞外高碱性环境的分隔屏障，是嗜碱微生物嗜碱性的重要基础。细胞外被的调控机制是具有排出 OH^- 的功能。另外嗜碱微生物的某些基因与耐碱性也有关。研究显示，已分离的嗜碱菌有芽孢杆菌属、棒杆菌属、微球菌、链霉菌属、假单胞菌属、黄杆菌属和无色杆菌属等。嗜碱微生物可产生大量的碱性酶，包括蛋白酶、果胶酶、纤维素酶、淀粉酶、支链淀粉酶、木聚糖酶等。这些碱性酶被广泛用于洗涤剂或作其他用途。

嗜碱微生物的嗜碱机制有以下几方面：① 嗜碱微生物可产生大量的耐碱性物质，为其生存提供了有利条件；② 嗜碱微生物细胞膜起到了耐碱性的屏障保护作用，是胞内中性环境和胞外碱性环境的分隔；③ 钠离子-质泵反向运输是嗜碱微生物细胞质碱化的基本原因；④ 相关嗜碱微生物 Na^+/H^+ 反向运输的基因已经从嗜碱菌中得到了克隆；⑤ 嗜碱微生物碱性酶在高碱性环境下稳定，也可以维持胞内 pH 值的稳定性。

（5）嗜盐微生物

嗜盐微生物是指生活在盐浓度大于 0.2mol/L 环境中的微生物。地球上的高盐环境主要是死海、盐湖（中国青海湖、犹他大盐湖、俄罗斯海）、盐场、盐矿和人工腌制食品等环境。嗜盐微生物大多数是古细菌，并依赖于高盐环境，有的甚至能在饱和 NaCl（5.5mol/L）中生长繁殖。根据最适盐浓度的不同，嗜盐微生物分为耐盐微生物和嗜盐微生物。耐盐微生物又包括弱嗜盐微生物和中度嗜盐微生物。嗜盐微生物中嗜盐藻类有盐生杜氏藻和绿色杜氏藻，细菌有盐杆菌属、盐球菌属、富盐菌属、盐深红菌属、嗜盐碱杆菌属、嗜盐碱球菌属等。海洋微生物大多为轻度嗜盐菌，中度嗜盐菌中真菌比例较大。

嗜盐微生物的嗜盐机制仍在不断研究中，盐杆菌和盐球菌具有排出 Na^+ 和吸收 K^+ 的能力，K^+ 可以调节渗透压维持胞内外平衡。目前研究显示，嗜盐微生物适应高盐机制主要表现为：① 嗜盐微生物菌体内有耐高盐的酶，如淀粉酶、木聚糖酶和核酸酶等；② 嗜盐微生物嗜盐基因的表达调控作用；③ 嗜盐微生物在细胞内积累高浓度 K^+、Na^+、小分子极性物质（如单糖和氨基酸等），这些极性小分子有助于嗜盐微生物菌体细胞从高盐环境中获取水分，可在胞内随外界环境渗透压变化而增减其合成和降解的速率；④ 细胞壁成分以脂蛋白为主，胞内高浓度 Na^+ 提高了细胞壁蛋白质亚单位之间的结合能力，维护细胞结构的完整性。

嗜酸微生物在各个行业都有广泛的应用。嗜盐微生物在食品加工中用于生产食品添加剂、食用蛋白、酶的保护剂和稳定剂，在提高腌制菜的产品质量和酱油工业生产中都发挥着极其重要的作用。在工业生产中用于除去工业废水中的磷酸盐和开发盐碱盐等，利用嗜盐微生物与新型生物技术相结合处理高盐度工业废水，通过添加嗜盐菌使微生物组成发生改变，是目前高盐废水处理领域的一个重要研究方向。在基因工程中，大肠杆菌产生嗜盐性芽孢杆菌的胞外木聚糖酶已获成功。

（6）嗜压微生物

在海洋深处、地下煤矿以及深油井等处生存着一些微生物，即嗜压微生物。嗜压微生物是指依赖于高压条件才能良好生长的一类微生物，生活在深海的假单胞菌，可在1 000个大气压、30℃以下生长良好。从地下油井中分离的嗜热性硫酸盐还原菌可在3 500m深、400个大气压、60~105℃的高温下生存。而在太平洋底4 000m处，发现了酵母菌，更有在6 000m的海底中发现围球菌属、芽孢杆菌属、弧菌属和螺菌属等细菌。根据最适生存压力的不同，嗜压微生物分为耐压微生物、嗜压微生物和极端嗜压微生物三类。表6-3为嗜压微生物的分类。

表6-3　嗜压微生物的分类

种类	最适生长条件
耐压微生物	0.10~40.53MPa
嗜压微生物	最适生长压力40.53MPa，在0.1MPa条件下也能生长
极端嗜压微生物	当压力≤40.53MPa时，压力成为其生长限制因子

嗜压微生物需要高压才能良好生长，其耐压机制目前还不很清楚。嗜压微生物与正常微生物在细胞膜脂肪酸的组成、呼吸链组成的多样性、压力调控元件、嗜压酶的表达、嗜压基因的表达和运动特征等都有显著区别。耐高温和厌氧生长的嗜压微生物有望用于油井下产气增压和降低原油黏度，借以提高采收率。

（7）耐辐射微生物

耐辐射微生物是极端环境下微生物的一种，在地球上分布广泛，且适应范围也广泛。耐辐射微生物只是对高辐射环境条件具有一定耐受性，如对紫外线、γ射线以及过氧化氢都具有很强的抗性，但其并不是对高辐射有特别嗜好。耐辐射微生物的种类具有生物多样性。1956 年，首次分离到耐辐射奇异球菌，迄今为止奇异球菌属已分离到 27 种具有辐射抗性的菌种，这些菌株分离于不同的极端辐射环境，其中包括沙漠、食物、温泉、动物、空气污染物、干燥土壤和污水等。耐辐射微生物对人类有利也有弊，一方面辐射灭菌是一种理想的杀菌方式，而另一方面耐辐射菌是诱发保存食品腐败的主要原因。

耐辐射微生物因种属不同，其耐受辐射的程度也不同，一般来说，芽孢菌的耐辐射力远大于非芽孢菌，A 型肉毒梭状芽孢杆菌是梭状芽孢杆菌中耐辐射能力最强的一种。革兰氏阳性菌耐辐射能力比革兰氏阴性菌强，革兰氏阳性球菌是非芽孢菌中耐辐射能力最强的一类，包括微球菌、链球菌和肠球菌等，革兰氏阴性菌中不动杆菌属存在一些耐辐射菌种。

耐辐射微生物的耐性机制目前尚不清晰，其耐辐射性可能与以下几点有关：① 耐辐射微生物拥有快速而准确的修复受损菌体 DNA 的修复系统，因此可避免高剂量辐射所诱发的细胞死亡，这种独特的 DNA 修复功能系统很可能是其耐高辐射的根本原因；② 细胞壁、细胞膜脂质成分独特，可能在减缓辐射损伤方面发挥重要作用；③ 相比于正常微生物，耐辐射微生物的超氧化物歧化酶、过氧化氢酶和过氧化物酶的含量显著增高，这几种酶在一定程度上提高了耐辐射微生物的抗辐射强度；④ NO 是普遍存在于原生动物、细菌、酵母中的生物活性信号分子，在细胞发育、衰老、凋亡、抗病和对各种环境抗性等有很大的作用。目前观点认为 NO 与细菌耐辐射机制有关，菌株受强辐照后 NO 可参与调节菌株的辐照损伤修复，促进辐照后菌株恢复生长。

（8）太空微生物

太空是一个高真空环境、超低温（平均温度为−270.3℃）、强辐射（宇宙射线）、微重力（重力仅为地球上的百分之一至十万分之一）的环境。为保证来自地球的生物不影响外太空环境，因此，探测仪器发射升空时地球上的微生物是禁止带入太空的。但是由于自然或人为因素而存在于太空的微生物或者经历过太空环境的微生物就是太空微生物，目前尚没有明确的定义，属于极端微生物的范畴。太空微生物的来源有如下几类。

航天员自身携带的微生物，如皮肤、毛发和衣物等，另外航天员的肠道菌群也是太空微生物的另一来源。

航天器灭菌不测底，随着航天器进入太空的微生物。标准的航天器杀菌过程是对探测器进行高温处理、化学处理与酒精清洗，再由过氧化氢清洗，再经紫外线照射处理。曾经对于执行火星任务的探测器微生物数量要限制在每平方米不得超过 300 个，以保证来自地球的微生物不会影响火星原本的环境。

太空搭载微生物，如实验微生物和太空微生物育种。搭载太空飞船的实验微生物例子，如 2006 年，美国亚利桑纳州立大学微生物学家发表的研究成果表明，一种能引起食物中毒的鼠伤寒沙门氏菌，在太空零重力的情况下度过 12d 后，其毒性明显加剧，且其 167 个基因发生改变。研究认为这项成果可以开拓药物设计的新思路，这项研究将有助于发明出效果更好的抗生素。

而太空微生物育种是一项高新技术，它不光包括太空技术、生态技术，而且还包括其他边缘技术和交叉技术。太空诱变育种的原理是由于菌株个体小、繁殖力强，在太空的微重力、强辐射、低温、高能粒子等多种极端环境作用下就发生基因变异，基因变异后再通过地面菌株筛选试验就可获取发生有益变异的突变菌株。太空微生物育种技术也是我国微生物肥料菌种选育的一个新途径，利用太空技术研制的微生物肥料，能培育出更多绿色食品。太空微生物育种技术同时也是目前药品的重要来源，利用微生物的航天搭载技术来生产出性状更好的药物成为了航天技术应用于制药行业的重要课题。

2002 年 12 月 30 日，在甘肃酒泉卫星发射中心的协作下，北京航鑫兴生物工程技术有限公司将微生物肥料菌种的样品搭载在神舟四号飞船上。菌种样品在太空历时 7d 后返回地面，这是我国首次将微生物菌种搭载飞船入外太空。之后的 2003 年，茅台酒曲搭乘了神舟五号飞船进入太空，并在研究两年后建成我国白酒行业首个酱香酿酒微生物菌种资源库，对提高茅台酒品质起到了巨大作用。2011 年，泰山酒业集团的酿酒微生物菌种则搭乘神舟八号进入太空，开启了泰山酿酒菌种的太空诱变育种之路。

由于某种原因脱离地心引力的微生物。由于地球存在地心引力，地球上的微生物通常不可能离开地球，但在特殊情况下地球上微生物仍有脱离地心引力的可能性。伴随着强火山喷发脱离地球引力范围的地球岩石飞散到宇宙空间，当快速坠落的陨石撞击地球表面时，被击飞的岩石脱离地球引力而进入太空，而其携带的微生物就散步到太空中。伴随着航天器的发射而随气流一起脱离地心引力的微生物。

可能来自外太空的微生物。在英国桑德兰地区威尔河（River wear）河口发现的名为同温层芽孢杆菌（*Bacillus stratosphericus*）的细菌，该菌通常存活于距离地面 32km 以上的高空，可以被用以将废水转变为电力和洁净水，这种细菌将有望为世界提供新的能源。还有在地球上层大气中发现的地外细菌凝块，这些细菌很有可能来自外太空。

太空微生物适应太空极低温度的机制有：① 在 0℃下具有合成蛋白质的能力，保证了低温下蛋白质的正常合成；② 冷休克蛋白的产生使得冷休克基因能正常表达；③ 可产生嗜冷酶类，使其在低温下仍能保持较高的催化活性等。

目前，人类利用太空的极端环境进行了大量的科学研究，包括微生物制药、微生物肥料、微生物酿造业，甚至研究地球生命的起源。太空微生物的研究对人类发展有利也有弊。太空微生物可以在真空、强宇宙射线辐射以及超低温环境下存活，具有很强的生存力和基因突变能力。因太空微生物生命力顽强，若是传染性病原体，将会给人类带来极大的破坏力。太空选育技术在造福人类的同时也带来了一系列现实问题。在太空中极端环境下微生物的基因发生各种突变，而人类目前对于基因变异的认识和驾驭能力十分有限，携带去太空的微生物基因变异一旦超出人类的认知，当其再回归地球时，必然会给地球原有基因造成严重的污染。因此，基于保护宇宙空间环境的原则，航天活动应避免使太空遭受微生物的污染，同时也防止太空微生物的引入使地球环境发生不利变化。

6.1.2 极端微生物产生的极端酶

对极端环境微生物活性产物的资源开发是今后一段时间的研究重

点。传统酶工业生产中，酶的应用受环境条件限制，尤其是在高温、强酸强碱、有机溶剂等条件下易失活，表现极不稳定，使酶的应用受到限制。在长期的进化和自然选择过程中，极端环境微生物产生了适应极端特殊条件的酶类——极端酶（extremoenzyme）。近些年研究显示，极端酶在高温、高压、高盐、高辐射、强酸强碱和有机溶剂等极端环境条件下仍具有较高的活性和稳定性，弥补了传统酶在极端条件下使用的缺陷。目前已有许多极端酶类被应用于各个行业，见表6-4，因此，极端微生物的研究将是今后研究的重点，促进了未来生物技术在各行业中的应用和发展。

表6-4　极端酶在各领域的应用（吴小丹，2011）

极端微生物	极端酶	应用领域
嗜冷菌	淀粉酶，蛋白酶	洗涤剂
	脂肪酶	食品工业，洗涤剂，化妆品
	纤维素酶	食品，纺织品
嗜热菌	脂肪酶	废水处理，洗涤剂
	蛋白酶	食品添加剂，洗涤剂，化妆品
	DNA 聚合酶	基因工程
	木聚糖酶	纸张漂白
嗜酸菌	整株菌	贵金属回收，废水处理，煤脱硫，耐压菌
嗜碱菌	蛋白酶	洗涤剂，除毛剂
	纤维素酶，淀粉酶	环糊精生产，洗涤剂，添加剂
	脂肪酶	食品添加剂
	木聚糖酶	漂白
嗜盐菌	淀粉酶，木聚糖酶	化妆品，添加剂
	核酸酶	制药

极端环境微生物产生极端酶外，其产生的抗生素也是近年来极端微生物新的研究方向。恶劣的生存条件可能会造就出结构新颖的活性化合物。有学者通过对采自世界各地的217株具有抗真菌活性的极端微生物进行筛选，得到11株菌的发酵液对念珠菌和烟曲霉有抗菌活性，并对其中1株嗜热菌的发酵液进行活性物质分离纯化，得到了抗真菌的化合物。

6.2 极端环境对微生物的影响

在工业、农业及微生物生产加工过程中，微生物要耐受住一系列的极端环境影响，如极端温度、强酸强碱、高渗透压、厌氧或无氧、高辐射等。这些极端环境诱导的基因变异作用，都将影响菌体细胞的生理状况和性质，并直接影响实际的生产加工过程。从工业观点出发，选择发酵好且能抵抗发酵过程中不利条件的菌株是极其重要的。

6.2.1 极端温度对微生物的影响

低温环境会导致菌体细胞活性降低，细胞形态及膜流动性发生变化，而且对复制、转录和翻译都有一定的影响。益生菌在贮藏及食品生产加工过程中常暴露在低温环境中，这种低温环境刺激会诱发益生菌发生一系列冷应激反应，如细胞膜发生变化，DNA 变化而引起其对转录、翻译的影响以及对新陈代谢的影响等。因此，当乳酸菌在低温环境下首先改变细胞膜脂肪酸的组成，从而调节膜的渗透性。然后合成冷应激蛋白，冷应激蛋白能与 RNA 结合，保证在低温环境下翻译能正常进行。冷应激蛋白对乳酸菌适应低温环境和增强抗冻能力方面发挥着重要作用。近年来，研究人员开始对冷应激蛋白基因的超量表达等方面进行研究，探讨其对乳酸菌抗冷冻性的影响，从而提高乳酸菌发酵剂和发酵产品的质量。

高温（40~65℃）会使非共价键变得不稳定从而使蛋白质失活。乳酸菌热应激反应也是通过一系列热激蛋白的表达而实现的，大部分热激蛋白属于分子伴侣蛋白，具有修复损伤蛋白的生物学活性，可以增强乳酸菌对热胁迫的耐受能力。

6.2.2 渗透压对微生物的影响

微生物在生长环境中或生产过程中经常会遇到渗透压变化的情况。一般来说，微生物对周围环境的渗透压有一定耐受能力，当渗透压逐渐改变时对微生物的生长影响不大。但当突然较大程度地改变渗透压就对微生物的生长产生一定影响，甚至死亡。

微生物最适在等渗溶液中生长，在低渗溶液中，微生物会出现水溶现象，溶液中的水分进入菌体细胞而使其膨胀破裂；若在高渗透压溶液中，微生物细胞内的水分渗透到细胞外，造成细胞质与细胞壁的分离。为了防止菌体细胞内水分的流失，乳酸菌会积累抗渗透压物质如钾、肉碱、甜菜碱和脯氨酸等维持细胞渗透压的平衡，同时也启动一些应激保护。

6.2.3 强酸强碱对微生物的影响

在大多数发酵食品中，耐酸性是保证乳酸菌的最佳生长和酸化速率，以及保持益生菌在胃肠道中存活的基本要求。乳酸菌的主要特征就是发酵乳糖产生乳酸，乳酸的积累反过来会延缓甚至抑制乳酸菌或其他微生物的生长。乳酸菌在食品发酵过程中产生的酸性物质积累在胞外代谢产物中，胞外培养液的酸性环境不利于其他微生物的生存与繁殖。乳酸菌发酵产酸性物质是很多发酵法保存食品的基础，也是干酪和酸奶生产中乳品凝结的先决条件。

此外益生菌只有能耐受住胃部的酸性环境，到达肠道并定植于肠道才能发挥其益生功效。乳酸菌耐酸机理有应激蛋白和分子伴侣机制、质子泵机制、谷氨酸脱氢酶机制、精氨酸脱亚氨基酶机制等。

6.2.4 高盐对微生物的影响

高浓度盐抑制微生物的生长，但有些细菌能在高浓度盐溶液中快速生长繁殖。一般微生物能在 NaCl 浓度为 10%～15% 的环境下生存，可以在高于 15% 的 NaCl 培养基中生长和繁殖的微生物就具有较强的耐高盐能力。

益生菌在进入肠道并定植于肠上皮细胞之前，需耐受住人体消化道的各种极端环境，如胃酸、胆汁及小肠液等。由于小肠胆盐的表面活性剂的作用，会导致乳酸菌细胞膜被破坏，引起细胞损伤。因此，在功能性益生菌筛选的过程中，能够耐受小肠内的胆盐环境也是筛选标准之一。益生菌耐胆盐机制有应激蛋白的产生、胆盐水解酶作用和细胞膜的保护作用等。而益生菌耐胆盐功能往往是多种机制共同参与的结果。

6.2.5 强辐射对微生物的影响

辐射对人类的损伤是巨大的，寻找理想的辐射防护剂一直是军事医学与放射医学的共同目标，截至目前，国际上仍然没有找到理想的辐射防护剂。

双歧杆菌具有抗辐射作用，且双歧杆菌拮抗辐射损伤在一定的范围内呈剂量依赖性关系，到达一定数量级呈平稳状态。从辐射对机体损伤的作用时间进程来看，双歧杆菌首先具有清除自由基和抗膜脂质氧化作用，其形成抗辐射的第一道且最直接的一道防御体系；其通过免疫赋活来修复放射对细胞或者亚细胞的损伤，再次形成免疫防御体系；同时双歧杆菌对癌变细胞通过凋亡诱导途径来抑制机体细胞进一步癌变，形成第三道防御体系。这三道防线之间相互协调，共同防御、修复和清除辐射对机体的损伤。

7 乳酸菌生物学特性

7.1 乳酸菌的基因组

    乳酸菌是一群微好氧、发酵碳水化合物、产生乳酸的革兰氏阳性菌。乳酸菌发酵产生乳酸、乙醇、二氧化碳等。乳酸菌广泛存在于自然界，与人类关系密切。乳酸菌能够加速食品的酸化，并且产生风味物质。乳酸菌也是生产酒、酵母和多种传统发酵食品的关键因素。其中一些乳酸菌是机体重要的益生菌，对于维持胃肠道微生态平衡，抑制肠道内病原菌生长，提高机体免疫力有积极功效。一些乳酸菌广泛应用于轻工业、医药及饲料工业等许多行业上。其中乳杆菌属、乳球菌属、肠球菌属、酒球菌属、片球菌属、链球菌属、明串珠菌属是重要的工业菌。大多数乳酸菌属于厚壁菌门（Firmicutes）乳酸杆菌目（Lactobacillales），而少数乳酸菌属于放线菌门（Actinobacteria）的放线菌目（Actinomycetales）和双歧杆菌目（Bifidobacteriales）。

    近年来，逐渐开展起乳酸菌基因组学研究。基因组学研究在分子水平上揭示生物的本质，进而为在根本上改造生物提供了可能。科研工作者在对乳酸菌基因组研究当中，希望从分子水平上揭示乳酸菌多样性和详细揭开乳酸菌的生理及代谢机制，挖掘控制重要性状的功能基因，进而加速优良菌种的选育和改造，提高发酵食品的工业化控制水平，为高效利用乳酸菌提供依据。

    在 2001 年，完成了第一株乳酸菌-乳酸乳球菌乳酸亚种 *Lactococcus lactis* ssp. *lactis* IL1403 全基因组测序工作。截至目前，科研工作热衷于乳酸菌全基因组测序。如美国的乳酸菌基因组联盟

（LAB Genomics Consortium），对多种乳酸菌进行全基因组测序。至 2015 年，有 60 多种的乳酸菌全基因组测序已经完成，共有 13 个属，分别是乳杆菌属（*Lactobacillus*）、乳球菌属（*Lactococcus*）、双歧杆菌属（*Bifidobacterium*）、肠球菌属（*Enterococcus*）、链球菌属（*Streptococcus*）、短杆菌属（*Brevibacterium*）、片球菌属（*Pediococcus*）、酒球菌属（*Oenococcus*）、魏斯氏菌属（*Weissella*）、明串珠菌属（*Leuconostoc*）、肉杆菌属（*Carnobacterium*）、四联球菌属（*Tetragenococcus*）、气球菌属（*Aerococcus*）。其中，当前已经测序完成的基因组中，植物乳杆菌（*Lactobacillus plantarum*）WCFS1 菌株的基因组最大为 3.39Mb。乳酸杆菌目的乳酸菌基因组相对较小，为 2Mb 左右，平均 2 000 个基因。

放线菌门的乳酸菌主要包括双歧杆菌（*Bifidobacterium*）、短杆菌属（*Brevibacterium*）、丙酸杆菌属（*Propionibacterium*）等。其中短双歧杆菌（*Bifidobacterium breve*）、长双歧杆菌（*Bifidobacterium longum*）等已经完成基因组测序。放线菌门的乳酸菌基因组相对较大，一般在 2Mb 以上。放线菌门乳酸菌的基因组 GC 含量高，一般在 60% 以上。

葡萄球菌属（*Staphylococcus*）中已有 16 种产乳酸菌完成基因组测序。当前有大量的乳酸菌基因组测序计划正在执行当中，其中包括漫游球菌属（*Vagococcus*）的 *Vagococcus lutrae*、河流漫游球菌（*Vagococcus fluvialis*）；四联球菌属的 *Tetragenococcus solitarius*；乳球菌属的植物乳球菌（*Lactococcus plantarum*）、乳球菌属（*Lactococcus piscium*）；肠球菌属的类鸟肠球菌（*Enterococcus pseudoavium*）；气球菌属的柯气球菌（*Aerococcus christensenii*）；魏斯氏菌属的泰国魏斯氏菌（*Weissella thailandensis*）；葡萄球菌属的产色葡萄球菌（*Staphylococcus chromogenes*）、猪葡萄球菌（*Staphylococcus hyicus*）、松鼠葡萄球菌（*Staphylococcus sciuri*）等。

不同种之间基因数目为 1 600~3 000 个。基因数目呈现的差异表明乳酸菌处于一个动态的进化过程之中。在这个过程中，大量的基因发生丢失、重复或者获得新的基因，由于乳酸菌通常生活在丰富的营养环境中，能够直接摄取生长所需要的营养物质，进而促使基因组简化和退化，尤其是糖代谢、摄取和发酵相关的基因的衰退。

另外，乳酸菌都含有假基因，而且假基因的数目变化很大。在肠膜明串珠菌中 20 个，而嗜热链球菌（*S. thermophilus*）高达 200 个假基因。假基因数目的差异表明乳酸菌基因组处于一个活跃的退化过程。

乳酸菌中含有转座因子——插入序列（IS），大小一般在 750～2 500bp，格氏乳杆菌（*Lactobacillus gasseri*）基因组中约有 0.2% 的插入序列，乳酸乳球菌乳脂亚种（*Lactococcus lactis* subsp. *cremoris*）约有 5% 的插入序列，说明这些菌有较高的遗传可塑性。

许多乳球菌含有多种质粒，1.9～130kb 不等。质粒编码的基因占总基因数目最高达 4.8%。乳酸菌质粒编码多种重要性状，其中一些是在特定环境中生长所必需的，如蛋白质水解酶类、乳糖发酵酶类、产生芳香物质相关的酶类、噬菌体抗性、细菌素合成、金属离子抗性以及抗生素抗性等。

7.1.1　嗜热链球菌

嗜热链球菌被广泛用于奶制品的生产。由于嗜热链球菌和其同属的病原菌种具有亲缘关系，因此它必然在基因组水平上发生和病原菌方向不同的进化。法国国家农业研究所、美国系统基因组学研究所及比利时的卢文天主教大学合作，对 2 株用于酸奶发酵的嗜热链球菌进行了全基因组分析。

嗜热链球菌（*S. thermophilus*）CNRZ 1066 和 LGM 13811 分别分离于法国和英国的酸奶中，2 株嗜热链球菌的基因组有 3 000 个核苷酸的差异（0.15%），170 个单一核苷酸的漂移，42 个序列差异大于50 个碱基的片段（插入删除片段），占基因组长度的 4%。CNRZ1066 和 LGM13811 两株菌均含有一个单一的环状染色体，长 1.8Mb，含有约 1 900 个 ORF（可读框）。其中有 1 500 个 ORF（80%）和其他的链球菌基因相似。2 株菌所具有的共同编码序列超过了总数的 90%。

CNRZ1066 和 LGM13811 主要差别是胞外多糖的合成基因、细菌素合成和免疫有关的基因、遗留的前噬菌体等。嗜热链球菌基因组中有 10% 的基因无功能，这个比例在已测定的链球菌基因组中是最高的。这些基因或读码框架漂移、或无义突变、或删除、或截断。

病原链球菌有两个重要特征，能够广泛利用各种碳水化合物；具有抗生素的潜力。而嗜热链球菌基因组中和碳水化合物代谢相关的基因大多无功能，也没有任何修饰抗生素的基因。在酿脓链球菌和肺炎链球菌基因组中约有 1/4 的毒力基因，在嗜热链球菌中没有发现。说明这些毒力基因在祖先基因组中存在，但在进化过程中从嗜热链球菌中丢失。肺炎链球菌的另一个特征是利用表面蛋白黏附到寄主的黏膜表面。而肺炎链球菌的 28 个和毒力相关的表面蛋白基因中只有 4 个在嗜热链球菌的基因组中找到了同源基因。因此可以认为在嗜热链球菌基因组中没有或很少有毒力基因。

除基因退化和丢失外，基因横向转移对嗜热链球菌的基因组进化也有很大贡献。在两株菌的基因组中有 50 多个插入序列，它们的 G+C 含量异常并且和牛奶环境的适应能力相关。

7.1.2　乳酸乳球菌

乳酸乳球菌（*Lactococcus lactis*）主要用作干酪的发酵剂。它分为乳酸乳球菌乳酸亚种（*L. lactis* ssp. *lactis*）和乳酸乳球菌乳脂亚种（*L. lactis* ssp. *cremoris*），它们都具有发酵性能稳定、抗噬菌体并产生独特的风味物质，前者适用于软质奶酪的制作，而后者适用于硬质奶酪的制作。出于工业应用的兴趣，乳酸乳球菌代谢机制、生理、遗传、分子生物学方面得到了广泛而深入的研究。乳酸乳球菌已经成为乳酸菌研究的模式菌。在 2001 年，乳酸乳球菌乳酸亚种 IL1403 全基因组测序工作率先完成，是第一株完成全基因组测序的乳酸菌。

L. lactis ssp. *lactis* IL1403 基因组为 2.37Mb，G+C 含量为 35.3%，预测含有 2 310 个基因，其中有 209 个基因位于插入片段和原噬菌体 DNA 上。基因组含有 6 种的插入序列，分别为 IS981、IS982、IS983、IS904、IS905 和 IS1077，插入序列随机分布于染色体中，该菌株可能是两个亲缘关系相近基因组发生基因重组的产物。基因组分析表明，该菌株可合成全部 20 种氨基酸；可合成叶酸、维生素 B_2、维生素 K、硫氧化还原蛋白等生长因子；未见合成细菌素基因。菌株 IL1403 基因组中和遗传信息传递有关的编码基因有 67 个，转录机制和枯草芽孢杆菌很相似。

厌氧糖酵解是乳酸乳球菌主要的能量产生过程，只有 5% 的糖发酵能量用于细胞的生物合成反应。在菌株 IL1403 的基因组中含有从葡萄糖到丙酮酸转化的全部基因。但是该基因组中没有和三羧酸循环、糖异生和许多补充反应相关的基因。菌株 IL1403 的基因组中有与好氧呼吸相关的基因，推测乳酸乳球菌能够进行氧化磷酸化作用。试验证明在培养基中加入血红素时能够促进其生长。

乳酸乳球菌的许多特征和细胞壁的结构有关，如对噬菌体的敏感性和细胞自溶等。菌株 IL1403 的基因组中有 29 个基因编码合成细胞壁的主要成分——肽聚糖。在奶酪生产中引入作用于肽聚糖的酶能够加快奶酪的后熟。胞外多糖的合成对许多工业用乳酸菌至关重要，直接影响发酵产品的质量。在菌株 IL1403 的基因组中有 20 多个基因参与胞外多糖的合成。

乳酸菌不同发酵类型转变的分子基础的前提下，可对其代谢工程进行改造。分析认为当发酵麦芽糖、半乳糖、木糖、葡萄糖酸、核糖和乳糖时，菌株 IL1403 则进行异型发酵，发酵产物为混合酸，但这些糖都不是由 PTS 转运的。而当乳酸乳球菌携带含有乳糖特异性的 PTS 时，乳糖发酵则变成同型发酵。因此，当 PTS 存在时，糖消耗的速率最高，也决定了同型发酵的能力。基因组信息分析和发酵产物分配的试验数据的相关性表明，通过碳源利用和转运系统的分析可能找到调控发酵终产物平衡的关键因子。

上述乳酸菌全基因组序列的解析，为在全基因组水平，获得该菌基因转录、代谢调控信息；明确其遗传背景；构建适宜载体、提高外源基因表达效率奠定基础。分子遗传操作工具相对完善，使得乳酸乳球菌广泛用于外源基因的表达。

7.1.3 约氏乳杆菌

约氏乳杆菌具有拮抗有害菌、调节免疫等功能，被广泛研究。约氏乳杆菌 NCC533 是从人类肠道分离的一株益生菌。为了进一步了解约氏乳杆菌 NCC533 生理学和与寄主相互作用的基因，瑞士的 Nestle 研究中心、美国北卡罗来纳州立大学的东南乳品研究中心和美国佐治亚大学微生物系联合对菌株 NCC533 进行了全基因组序列分析。其染色体 DNA 长 1.99Mb，（G+C）含量为 34.6%，含 15 个插入片段和 3 个原噬菌体 DNA，已知基因 1 821 个，有 6 个调控 rRNA 合成的操纵子，可编码 87 种 tRNA；可合成细菌素——*Lactacin F*。

基因注释的结果表明，菌株 NCC533 的基因组中具有嘧啶核苷酸（dTMP、UMP、CMP）从头合成的所有基因，但没有从头合成氨基酸、嘌呤核苷酸和多数辅因子途径的整套基因。作为补偿，其基因组中含有异常大量的和复制的氨基酸通透酶、肽酶和 16 种磷酸转移酶类的转运蛋白，但缺少分解多糖的酶系，表明菌株 NCC533 主要依赖寄生或其他肠道微生物来获得简单的单体型营养物质。

菌株 NCC533 富含细胞表面蛋白的特性与肠道细菌在肠道的生存能力密切相关。而在约氏乳杆菌的基因组中还鉴定出 3 个胆盐水解酶和 2 个胆酸转移蛋白的基因，这些蛋白质对细菌在肠道中的生存也很关键。生物信息学对 95 % 的基因组分析显示，菌株 NCC533 中有大量的同系基因，它们显然来源于单个基因或操纵子的插入或删除。这些插入的不同片段似乎编码一些赋予细菌在胃肠道生态系中的竞争力或与相互作用相关的代谢或结构基因。

细胞表面蛋白和多糖在微生物黏附到黏液膜面的过程中起重要作用。从菌株 NCC533 的基因组中鉴定出 42 个可能的细胞表面蛋白，其中 16 个编码和 ABC 转运蛋白相关的通道结合蛋白。蛋白 LJ1816 与血链球菌（*Streptococcus sanguis*）的唾液结合蛋白的相似性达 25%，而与单核细胞增生利斯特氏菌（*Listeria monocytogenes*）的 $CD^{4+}T$ 细胞激发抗体 LJ0577 的相似性高达 38%。另外，2 个细胞表面蛋白 LJ0391 和 LJ1711 在它们的 C 端细胞壁锚定域的上游有一段富含丝氨酸的 600 个氨基酸重复片段，和副血链球菌的糖基化的 Fap1 纤毛黏附素相似。

7.1.4 嗜酸乳杆菌

嗜酸乳杆菌（*Lactobacillus acidophilus*）最早是从婴儿粪便中分离获得的，属于同型乳酸发酵菌。该菌 NCFM 菌株是一株已被广泛应用的商业化菌株，嗜酸乳杆菌广泛应用于液态奶、酸奶、固态液化食品、婴幼儿食品和果汁中，是公认的最具经济价值的益生菌。

嗜酸乳杆菌 NCFM 基因组为 1.99Mb，GC 含量为 34.71%，含 6 个插入片段和 3 个原噬菌体 DNA，预测含有 1 864 个基因，占染色体总长的 89.9%。

对嗜酸乳杆菌基因功能的研究显示：该菌株可编码 1 种膜蛋白酶和 20 种以上肽酶，有助其摄取氨基酸；可合成 2 种胆盐水解酶，帮助其提高胆盐耐受性；含有 2 个参与调控低聚果糖利用的操纵子；可合成 2 种细菌素。9 个双组分信号传导系统被预测，其中一些与细菌素的合成和耐酸性有关。与其他的嗜酸菌相比，嗜酸乳杆菌缺乏大多数维生素和氨基酸的生物合成能力，但是编码了大量的转运蛋白，具有较强的发酵能力。因其属于法国罗地亚公司商业用菌，详细的基因组资料没有公开。

7.1.5 植物乳杆菌

植物乳杆菌 WCFS1 菌株分离于人体肠道，染色体 DNA 基因组为 3.39Mb，G+C 含量为 44.4%，含 12 个插入片段和 4 个原噬菌体 DNA，已知基因 3 246 个，其编码的蛋白中有 2 120 个已预测出功能，其中能量代谢相关酶 8%，细胞膜物质 8%，转运蛋白 13%，调节功能蛋白 9%。

植物乳杆菌 WCFS1 菌株可合成全部氨基酸（除亮氨酸、异亮氨酸和缬氨酸以外）；可合成叶酸和辅助因子；有 4 个合成多糖的基因簇；可编码 62 种 tRNA，并有 5 个调控 rRNA 合成的操纵子；可合成细菌素——Plantaricin。研究还发现：该菌株的染色体可编码大量糖类转运系统，包括多达 25 种依赖于磷酸烯醇式丙酮酸的磷酸转移酶系统，在复制起点两侧 250kb 范围内分布着大量这类基因，这从基因的角度解释了植物乳杆菌可广泛利用各种糖源的特性。

7.1.6 长双歧杆菌

长双歧杆菌 NCC2705 染色体 DNA 为 2.26Mb，（G+C）含量为 60.1%，但存在 6 个（G+C）含量极低的区域，含 16 个插入片段，已知蛋白 1 727 个，占染色体全长的 86%，基因平均长度为 1.1kb。对基因功能的研究显示：该菌株可合成除色氨酸、甲硫氨酸外的全部氨基酸，其中精氨酸和苏氨酸的合成途径不用于其他细菌；可合成叶酸、烟碱、维生素 B₁ 等生长因子；有 1 个合成多糖的基因簇；可编码 57 种 tRNA，并有 4 个调控 rRNA 合成的操纵子；未见合成细菌素基因。针对益生菌的功能研究还发现：染色体上有超过 8.5% 的基因可编码特殊的碳水化合物转运-代谢系统及其调控系统，主要可分解利用低聚糖和植物纤维素，如基因可编码 200 多种含丝氨酸型信号肽蛋白，其中 59 种已经证实为细胞表面的信号感受器，另 26 种证实为碳水化合物转运系统的结合-释放蛋白。此外，还发现一种基因，可编码针对真核生物丝氨酸类蛋白酶的抑制剂，显示其与调节宿主免疫有关。

7.2　乳酸菌的遗传重组

遗传物质的重组有两种方式，常见是常规重组（General recombination），即染色体 DNA 通过接合或者转导的方式，从一种菌转移到另一种菌种。常规重组需要参与重组的 DNA 分子之间具有相当程度的同源性，以及细菌特异性重组功能的参与。另一种重组方式是由可转座的遗传成分所介导，不依赖于宿主的功能，只需要非常短的靶序列（大约 10 个碱基对或者更少）。本书主要介绍乳酸菌的常规重组。

7.2.1　常规重组

常规重组又称同源重组，几乎所有生物中都发生这类重组方式。常规重组是染色体之间进行遗传信息交换的方式之一。这类重组依赖于大范围 DNA 同源顺序的联会，负责 DNA 配对和重组的蛋白质因子无碱基序列特异性，只要两条 DNA 序列相同或接近相同，重组便可以在联会部分的任何位置发生。

发生这种重组的有细菌接合、转化、普遍性转导等导致的遗传重组均属于同源重组范畴。一般来说，常规重组发生在 DNA 受损伤的细胞之中，即常规重组是对损伤的 DNA 进行修复的一种重要途径。这类重组除了依赖于大范围 DNA 同源顺序的联会，也存在重组热点，即某类序列发生重组的概率高于其他序列。同源重组要求两个 DNA 分子的序列同源，同源区域越长越有利于重组；同源区太短，则难于发生重组。

乳球菌常规重组的作用机理主要来自于以各种可整合载体为模型的研究。这些质粒上的同源性序列来自乳球菌的染色体 DNA，或者来自染色体上的溶原噬菌体。在这些试验中，当存在选择压力时（乳酸菌菌体培养基中存在质粒，具有一定浓度的抗药性抗生素），整合质粒的扩增是一种非常普遍的现象。

7.2.2 由转座因子介导的重组

插入序列（IS）是转座遗传成分最简单的形式，能在染色体上和质粒的诸多位点上插入序列，并且改换位点，因此也将其称为跳跃基因（Jumping gene）。一般来说，跳跃基因大小为 250~2 500bp，只含有引起转座的转座酶基因而不含其他基因，具有反向末端重复序列。先前研究显示，已在染色体和一些质粒上发现了 IS 序列。由于 IS 在染色体组上插入的位置和方向存在着不同，因此，IS 引起的突变效应也存在着不同。IS 被切离时引起的突变可以恢复。如果因切离部位有误而带走 IS 以外的一部分 DNA 序列，就会对 IS 的插入部位造成缺失，从而发生新的基因突变。

1985 年，乳酸菌 *Lactobacillus casei* 中发现第一个插入序列，将该插入序列命名为 ISL1。在此之后，在多种乳酸菌中发现了插入序列，如乳酸乳球菌、嗜热链球菌、德氏乳杆菌保加利亚亚种等都发现了多种插入序列。

研究人员在对乳糖质粒 pSK08 和 pSR01 所形成的共整合体进行分析时，发现插入序列 ISS1 家族。插入序列 ISS1 大小为 808bp，两端各有一个 18bp 的反向重复序列，编码一个由 226 个氨基酸残基组成的蛋白质。插入序列 ISSI 的结构与革兰氏阴性菌中的插入序列 IS26 非常接近。ISS1 插入序列广泛分布于各种乳球菌中，其中拷贝数通常在 1~20，主要取决于菌株的类型。

7.3 乳酸菌基因转移

乳酸菌自发性的基因转移方式包括由噬菌体介导的遗传物质交换（转导）和通过细胞与细胞接触引起的遗传物质从供体细胞到受体细胞的交换（接合）两种方式。体外转化技术，主要有聚乙烯醇（PEG）介导的 DNA 对细菌原生质体的转化，以及通过对原生质体或者完整细胞电穿孔后进行的 DNA 转化两种方式。

7.3.1 体内基因转移

（1）转导

乳球菌的第一次转导试验采用的是一种烈性噬菌体。由于乳球菌中"溶原"现象普遍存在，因此，转化试验的主要方法是温和噬菌体。温和噬菌体被用来转化乳球菌与乳糖代谢相关的基因，随即发现蛋白酶基因也可被转导。在转导试验中发现乳糖代谢基因和蛋白酶基因可以整合到部分转导子的受体染色体上，并成为转化子稳定的性状。

在乳球菌中，染色体基因或者质粒上编码的基因都可以用来被转导。当使用大的代谢质粒进行转导时，转化的频率可以显著提高，尤其是在转导裂解体来自第一代转导子时。这主要是在转导时，为了被转导的基因能被噬菌体头部包装，噬菌体对被转导基因存在一个切短的过程。

（2）接合

体内基因接合是细菌间遗传物质传递的另一种方式。接合需要松弛型的环状 DNA 作为介质。质粒与细菌染色体不同，通常质粒所带的基因不是细胞在正常条件下生长所必需的。在接合过程中，与接合作用相关的质粒可以在细胞间传递。接合与转化存在一定差异，接合细胞必须具备相对的接合型，供体细胞必须携带质粒，而受体细胞则不需要，另外，接合需要细胞间的直接接触。

先前研究发现，在多株乳球菌及其他乳酸菌中存在乳糖发酵质粒的接合性转移现象。而在乳酸菌不同种属间，也存在接合转移现象。如链球菌的质粒 pAMβ1 和 pIP501，通过接合作用可转移到植物乳杆菌、嗜酸乳杆菌、粪肠球菌、片球菌、嗜热链球菌等乳酸菌中。

7.3.2　体外基因转移技术

尽管体内基因转移技术对遗传学研究非常有用，在对乳酸菌基因进行实际克隆时，还需采用各种转化技术。目前所用的转化技术可分为两类，即原生质体转化和电转化技术，下面分别进行简单的介绍。

（1）电转化技术

电转化技术原理：当高压电击导致乳酸菌菌体细胞壁和细胞膜上产生瞬时孔洞，使得外源性 DNA 进入菌体细胞内。电穿孔状态（Electropermea bilization）决定电转化技术是否成功。一般来说，乳酸菌是革兰氏阳性菌，其细胞壁较厚且致密，阻碍了外源性 DNA 进入细胞内。因此，试验中为了减小这种细胞壁的强阻碍作用，研究者选择细菌细胞壁适宜转化的菌体生长期，或者在菌体培养液中添加某些化学物质影响菌体细胞壁的生长状态，以达到改善转化效率的目的。目前，科研中对乳酸菌的电转化条件研究主要集中于电转化参数、质粒和感受态制备等方面。

乳酸菌的电转化研究起步于 20 世纪 80 年代末。电场强度、脉冲时间等是电转化参数中的主要因素；质粒的来源和浓度是影响转化率的关键因素之一；细胞壁的处理、缓冲液的成分和细胞收获时期等是感受态制备过程中主要考察的因素。很多研究人员从生长状态、培养条件、质粒浓度、电击参数等因素着手，对不同种乳酸菌入手，优化乳酸菌电转化条件，建立了相应的电转化平台。此外，也有人对转化后的细胞进行了处理，以达到利于转化子生长，提高电转化效率的目的。

德氏乳杆菌保加利亚亚种（ *Lactobacillus delbrueckii* subsp. *bulgaricus* ）被广泛应用于酸奶和发酵乳制品的生产中。目前，对德氏乳杆菌保加利亚亚种的代谢机制等方面研究并不多。外源基因的转化效率是制约德氏乳杆菌保加利亚亚种分子代谢机制研究的重要因素。崔艳华等（2010）以 pMG36c 为材料，对 *L. delbrueckii* subsp.

bulgaricus 进行电转化条件研究。该试验确定了德氏乳杆菌保加利亚亚种的最适电转化条件，该条件为对数初期的细胞，质粒浓度为 100ng 加入到 50μL OD$_{600}$ 为 45 的样品中，在 10kV/cm 电场强度下电转化，转化后细胞在复壮培养液中培养 3h 后涂布选择性培养基，转化效率可达 2.6×10^{3}CFU/g DNA。

（2）原生质体技术

Gasson 于 1980 年提出乳球菌原生质制备和再生的方法，同时他还指出 PEG 可以诱导原生质体融合，以及在再生的融合子内染色体标记基因和与质粒相连的标记基因可以发生重组。之后研究在乳酸乳球菌与枯草芽孢杆菌之间、乳酸乳球菌与罗氏乳杆菌（*Lactobacillus reuteri*）之间、携带有不同质粒的发酵乳杆菌（*Lactobacillus fermentum*）菌株之间成功进行了原生质体融合。

与电转化技术相比，原生质体技术操作较为烦琐、耗时长且稳定性差。因此，目前多采用电转化技术方法。

7.4 乳酸菌 DNA 的修饰与突变

截至目前，对乳酸菌 DNA 修复与突变作用尚未进行深入的研究。甲基磺酸甲酯（MMS）诱导产生的乳酸菌修复-缺陷突变株对 MMS 和 UV 的敏感性增强，表明在乳球菌中存在重组性 DNA 修复途径。抗紫外质粒以及各种新构建的 recA 突变株将对研究乳酸菌的 DNA 修复机理非常有用。

某些强烈的烷化剂如 N-甲基-N-硝基-N'-亚硝基胍（NNNG）和 MMS 已被用来使乳酸菌产生突变。到目前为止，还没有对突变的分子机理进行研究，也不清楚在乳酸菌中是否存在类似大肠杆菌中可诱导的 SOS 修复机制。然而，由于大多数乳酸菌的溶原性噬菌体可以被损伤 DNA 的试剂（如丝裂霉素 C）所诱导。这种现象与可诱导的 SOS 突变作用有关，因此，在乳酸菌中很可能存在 SOS 修复机制。

7.5 乳酸菌抗逆境的遗传学

利用乳酸菌进行工业生产或用于胃肠道疾病预防时，影响生产或预防效果的一个重要因素是乳酸菌对环境条件的适应，这也是将实验室研究成果在实际工业生产过程中应用要解决的一大难题。由于乳酸菌在这些应用过程中经常遇到的应激环境大部分是严酷的，包括温度变化、高盐（NaCl）、氧激、恶劣环境及营养限制等。这就要求能运用于生产的菌株必须具有耐酸性，耐大幅温度变化、噬菌体抗性等诸多耐受机制。而对于某一种耐受机制来说，往往是由多种基因共同作用的结果。除此之外，还有转录调节和蛋白修饰等影响因素，因此传统上通过改造单个或数个基因的做法不仅周期长，效果亦不明显。所以人们就将目光逐渐转向应用功能基因组学技术与方法理解和控制这种耐受机制上来。本书中介绍乳酸菌的抗逆境遗传学主要包括抗氧化作用、耐酸耐胆盐作用、耐高温低温作用、抗渗透胁迫作用及饥饿应答作用等，下面分别进行叙述。

7.5.1 抗氧化作用

乳酸菌的抗氧化机制主要包括清除活性氧组分、防止活性氧品种的形成、保持细胞内还原环境、氧化伤害的及时修复等。一般来说，乳酸菌的生长不需要氧气。氧对于某些细菌的生长及繁殖会产生更为不利的影响。氧的毒性一般归因于各种活性氧类型（Reactive oxygen species，ROS），如过氧化氢、超氧化物阴离子和氢氧自由基对蛋白质、脂类和核酸造成伤害，这是造成细胞老化和死亡的主要原因之一。

但是，乳酸菌有能力消耗氧。乳酸菌中具有可利用氧气的氧化酶，可以氧化各种底物，如丙酮酸或者还原型辅酶 I（NADH）。在乳酸菌糖酵解时，形成的 NADH 再生为 NAD^+（辅酶 I），同时将产生的丙酮酸还原成乳酸或乙醇。这些氧化酶活性可以产生有毒的活性氧类型（ROS），在细胞中引起氧化胁迫。细胞通过防止这些 ROS 的形成和通过酶降解或清除剂清除它们，发展了一些应付氧毒性的办法，使它们不容易受到攻击，或修复氧化胁迫造成的危害。发生此类现象的如乳酸乳球菌 IL1403 的基因组序列中，存在所有有氧呼吸所必需的基因以及血红素合成后期所包含的基因。

（1）清除活性氧组分

许多乳酸菌可以依靠超氧化物歧化酶（SOD）或者高浓度的胞内 Mn^{2+} 清除超氧化物阴离子。大多数链球菌和乳球菌的抗氧化防御系统中都有锰超氧化歧化酶。超氧化物歧化酶在除去超氧化物阴离子的反应中产生过氧化氢。但是，大多数乳杆菌没有超氧化物歧化酶。有些耐氧的发酵乳杆菌、植物乳杆菌、干酪乳杆菌和肠膜明串珠菌种含有高浓度的 Mn^{2+}，Mn^{2+} 是超氧化物阴离子的有效清除剂，可以代替 SOD。嗜热链球菌 AO54 中 MnSOD 的编码基因 sodA 在厌氧和有氧条件下都能够表达，是在有氧条件下生长所必需的。保加利亚乳杆菌和嗜酸乳杆菌中没有高含量的 Mn^{2+}，也不含超氧化物歧化酶，是乳杆菌中最不耐氧的。

（2）防止活性氧类型的形成

ROS 是造成细胞老化和死亡的主要原因之一，限制 ROS 形成的一个方法是尽量消除游离态氧。研究发现瑞士乳杆菌在氧化胁迫反应中，细胞膜的脂肪酸成分发生改变。因为细胞在氧化胁迫反应中，消耗氧的脂肪酸去饱和酶系统活性增加，减少了自由基对细胞的伤害，从而保护这种厌氧微生物的细胞免受有毒氧和高温的伤害。

（3）保持细胞内还原环境

细胞在有氧条件正常生长时需要二硫化钨还原途径，即通过硫氧还蛋白途径或者谷胱甘肽/谷氧还蛋白途径，还原蛋白质中的二硫键，保持细胞内还原环境。乳酸乳球菌 IL1403 的基因组中含有编码硫氧还蛋白途径的硫氧还蛋白基因 trxA 和 trxH 及硫氧还蛋白还原酶基因 trxB1 和 trxB2。保加利亚乳杆菌中含有硫氧还蛋白还原酶基因 trxB。

（4）氧化伤害修复功能

氧化损伤的修复是抵抗氧化和其他胁迫的基本机制。研究表明，乳酸乳球菌的 recA 基因除了同源重组和 DNA 修复，还在氧化胁迫和热应激中起作用。通气培养能诱导 recA 的表达，一株 recA 突变株对通气十分敏感，生长速度减慢，稳定期的生长率下降。热胁迫也阻止 recA 菌株的生长。因此研究者推测 recA 基因产物可以通过它的 DNA 修复机制，或间接地通过调节作用，调节氧化伤害修复中需要的其他基因，减轻氧化的胁迫作用。在 recA 菌株中，伴侣蛋白的数量显著减少。

7.5.2　耐酸作用

　　人体胃、肠道环境对乳酸菌生长和繁殖有一定抑制作用，尤其是胃的酸性环境。因此，乳酸菌必须耐受住胃液的酸性消化才能到达肠道。功能性乳酸菌只有耐受住酸性胃液和小肠液的消化，最终到达人体大肠并定殖于肠道上皮才能更好地发挥其抑癌功效。乳酸菌种属的共同特点是能发酵糖产生乳酸。正因为此功能，将其应用于食品发酵工业中。功能性乳酸菌筛选的首要条件要看其是否能耐受住胃液酸性物质的消化，小肠胆盐、胰酶的水解，最终能到达大肠并定植于肠上皮，方可发挥其益生功效。人体胃液 pH 值是不断变化的，人体空腹时胃液 pH 值可低至 0.9，而进食后的 pH 值又可高达 6.0。但一般情况下，胃液 pH 值变化幅度从 1.5~3.5。同样，食物在胃中的排空时间也是影响乳酸菌发挥益生功效的重要参数。食物的胃排空时间与食物性质有直接关系，一般来说平均约为 3h。

　　由于乳酸菌的酸性作用，致使某些乳酸菌可导致龋齿病。因此一些嗜中性乳酸菌的酸应激反应被广泛研究，以改进它在工业中的应用并分析它导致龋齿的原因。外界环境的酸化对嗜中性乳酸菌来说具有多重效应，首先它使 FOF1ATP 酶在低 pH 值环境下通过消耗能量使细胞中的质子（H^+）排放出来，从而维持胞内 pH 值，但会增大细胞内外的 △pH。

　　酸化还会导致膜损伤、蛋白质变性、核酸损伤。酸化也改变了酶活性，Even 等观察到在 pH 值下降到 4.7~5.2 时，乳球菌的代谢途径发生变化：不再产生乙酸、甲酸、乙醇等，而是通过发酵葡萄糖为乳酸的同型发酵途径作为能量的主要来源。不再完全依赖葡萄糖酵解产能，同时也利用氨基酸产能，后者的代谢水平比在 pH 值 6.6 时上升了 6 倍多。这可能是因为氨基酸脱氨作用和脱羧产生的电子可以消耗胞质中的 H⁺，从而使胞质去酸化。这种代谢转变的关键酶可能是丙酮酸甲酸裂合酶（PFL），这使得该菌对酸的耐受能力大幅度提高（乳酸抑制常数 $Ki=470mmol/L$，而甲酸的抑制常数 $Ki=76mmol/L$）。通过流量分析解释发生这一现象的原因不是转录水平上酶表达量的提高，而是代谢调节水平上代谢物对酶活性的激活（例如核糖体蛋白活性的增高可使蛋白合成速率增加等），避免了 pH 值降低引起的影响，使得流量发生了改变。

另外，乳酸引起的酸化作用还导致乳酸盐在胞内积累，这对细胞的生理有负面影响。若在乳酸菌生长对数期或稳定期进行酸诱导，利用蛋白组学方法，人们发现在乳酸乳球菌中会有 33 种蛋白质被诱导产生，变型链球菌中有 64 种，*Lactobacillus bulgaricus* 中积累 30 多种，嗜酸乳杆菌表达 9 种，粪肠球菌积累 32 种蛋白质，*Lactobacillus sanfrancicensis* 积累 15 种蛋白质，口腔链球菌（*Streptococcus oralis*）中有 29 种，嗜热链球菌中有 9 或 10 种。在酸适应过程中一些热激蛋白（大多数是伴侣蛋白）被诱导产生，但诱导伴侣蛋白的种类在不同种间也不同。在乳酸乳球菌中 GroES 和 GroEL 蛋白被诱导，在粪肠球菌中 GroEL 和 DnaK 蛋白被积累，在保加利亚乳杆菌中，3 种蛋白 GroES、GroEL 和 DnaK 被大量合成。相反，在 *L. sanfranciscensis* 中，GroES、Dnak 和 DnaJ 蛋白的数量不因酸应激而改变，但 GrpE 浓度是增加的。酸适应性对糖酵解途径有很重要的影响，能改变碳代谢流量的方向，且在低 pH 值条件下，有大量功能性蛋白质的合成被调节。

7.5.3 耐胆盐作用

人体肠道内胆盐浓度随肠道部位及饮食等因素而发生改变，但一般情况人体肠道内的平均胆盐浓度约为 0.3%。因此，0.3% 的胆盐浓度常被用于测试菌株对胆盐的耐受能力。乳酸菌对胆盐和胰酶的耐受性研究也是筛选功能性乳酸菌的前提条件。随着进食情况和食物在胃内的消化，人体肠道环境中胆盐浓度也在不停地变化着。在进食 1h 内，胆盐浓度的变化幅度为 1.5% 到 2%（*W/V*），而此后胆盐的浓度下降到 0.3%（*W/V*）。

功能性乳酸菌只有耐受住酸性胃液和小肠液的消化，最终到达人体大肠并定殖于肠道上皮才能更好地发挥其抑癌功效。Huang 等人在 2004 年应用耐酸、耐胆盐等特性评估了丙酸杆菌的益生功效。Bao 等人于 2010 年从中国传统发酵乳制品中分离出 90 株乳酸菌，依据菌株耐受胃酸和小肠液能力、黏附能力、抑制致病菌能力等筛选出菌株 *L. Fermentum* F6，并指出传统发酵乳制品是获得乳酸菌株的良好来源。Thirabunyanon 等人于 2009 年根据体外抑制癌细胞增殖能力、耐受胃酸能力、耐受小肠液能力、黏附于小肠上皮细胞能力等方法分别筛选出抑制人结肠癌 Caco-2 细胞的菌株 *Enterococcus faecium* RM11 和 *L. fermentum* RM28。Zhang 等人于 2013 年通过抑菌性能、黏附性能、耐酸和耐胆盐性能等从 91 株乳酸菌中筛选出菌株 *L. johnsonii* F0421。

对粪肠球菌的耐胆盐作用机理研究显示，粪肠球菌的胆汁盐和 SDS 应激反应。胆汁盐作用导致了 45 种蛋白质的合成，SDS 作用导致了 34 种蛋白质合成，而其中有 12 种是相同的。然而，正是由于其他特异合成的蛋白质，才使得这两种应激反应大不相同，DnaK 和 GroEL 的例子就显示这一特性，因为这些蛋白质只在胆汁盐响应中被合成，而在 SDS 响应中不被合成。随后在乳酸菌其他属内也找到了类似的蛋白，比如在长双歧杆菌中筛选植物乳杆菌 alr 互补文库以寻找胆汁诱导的启动子元件时，找到了两个相关基因。

7.5.4 耐高温作用

乳酸菌中一些是嗜热菌，如德氏乳杆菌保加利亚亚种、干酪乳杆菌、嗜热链球菌等。有一些种类为中温菌，如乳酸乳球菌、植物乳杆菌等。高温热激会破坏蛋白质内部非共价键，使之变性。热激反应的主要特征是诱导一系列伴侣蛋白和蛋白酶，它们作用于损伤蛋白质，增加生物对热应激的耐受能力。一些乳酸菌生长要求严格的温热条件，但是在工业中经常遭遇不适的温热条件。有一些乳酸菌的热诱导应激应答已经被证实，人们可利用双向电泳分析热激诱导产生的热激蛋白（Hsp），也可由免疫测定得出一些保守性的分子伴侣。已经在乳酸菌中发现了 HrcA、GroEs、GroEl、DnaK、Hsp84、Hsp85 和 Hsp100 等伴侣蛋白。更多的研究主要利用乳酸菌 dnaK、clpB、clpC、clpE、clpL、clpP 和 ctsR 等一系列突变株来进行。Varmanen 等将遗传分析、mRNA 和 2-DE 分析技术相结合，证实了乳酸乳球菌中两种热激蛋白的限制作用。对其 dnaK 突变株的研究显示，在 30℃（最适生长温度）时，突变株中的一些热激蛋白（HrcA、GroEs、GroEl、DnaK、Hsp84、Hsp85 和 Hsp100）合成量比野生型菌株高。这一发现说明了 DnaK 在 30℃时阻遏热激蛋白基因表达。乳酸乳球菌 ctsR 突变通过运用该方法确认了 ctsR 阻遏子的作用。双向电泳分析技术比较 30℃时乳酸乳球菌 ctsR 突变和野生型菌株，结果显示在 ctsR 突变株中只有两种热激蛋白（clpP 和 clpE）积累到较高水平，而 mRNA 分析显示了其突变株中的所有 *clp* 基因（*clpP*、*clpE*、*clpB*、*clpC*）的表达量都有增加，尽管 clpC 表达的蛋白太少无法在 2-DE 上观察到。对于 *clpB* 基因情况刚好相反，mRNA 分析比 2-DE 分析提供的信息更多，且能够反映 ctsR 调节的所有 4 个 *clp* 基因。另外，2-DE 分析揭示的 clpB 的消失可以更好地反映 ctsR 失活的生物学效应。以前蛋白质组学研究显示，clpB 蛋白有两个异构体，如果没有 2-DE 分析是不可能检测到它们的。

7.5.5 耐低温作用

乳酸菌对冷冻环境的适应性起着重要的作用。因为乳酸菌工业生产中，需要对发酵剂进行低温冷冻保藏或冷冻干燥处理。在低温发酵和消费前的发酵产品储藏过程中，乳酸菌也一直处于冷激状态。通过冷却预处理，可以提高乳酸乳球菌、嗜热链球菌和粪肠球菌在冷冻或冻结融化循环中的存活率。据报道，在细菌中，细胞质膜、核酸和核糖体也有温度应激的感应器。而且像德氏乳杆菌保加利亚亚种可以利用相容化合物保护细胞不被冻伤。冷激将改变细胞质膜的晶体性质，使它们由可流动的液晶转变为凝胶状态。用蛋白质组学方法，发现被冷激的细菌能够快速诱导产生一系列特殊的蛋白质。利用 2-DE 方法人们在乳酸乳球菌和嗜热链球菌中分别发现 22 个和 24 个冷诱蛋白（CIP），在乳酸乳球菌的冷诱蛋白中，Wouters 与其合作者坚定了与转录过程、糖代谢、染色体形成和信号转导作用有关的蛋白质。人们还分离出推断为冷激蛋白（Csp）家族成员的低分子质量（约 7kDa）冷诱蛋白（CIP）。冷诱蛋白的数量因乳酸菌菌株而异，如在嗜热链球菌 CNRZ302 菌株中发现 6 种应激蛋白，而在 PB18 菌株中只发现 1 种应激蛋白。乳酸乳球菌的一些种也存在相似的情况，全部基因组序列显示乳酸乳球菌乳酸亚种 IL1403 中，只有 2 个 *csp* 基因，而 2-DE 和遗传研究显示乳酸乳球菌乳脂亚种 MG1363 菌株中有 7 种冷诱蛋白。值得注意的是，以乳酸乳球菌亚种乳脂亚种 MG1363 基因组为模板，用简并引物设计 PCR，结果只分离到 5 种冷诱蛋白基因，另外 2 种蛋白质 CspF 和 CspG 只有通过 2-DE 分析才能看到。这说明 MG1363 具有 2 个不同的冷诱蛋白族编码基因。

7.5.6 渗透胁迫作用

微生物一般对盐应激的反应是积累抗渗透压物质如脯氨酸、甜菜碱或谷氨酸。随着高渗的刺激，细菌首先在细胞内积累钾离子，然后与抗渗物质交换。一旦有盐应激，钾的运输系统和与抗渗物质积累系统有关的蛋白质被联合诱导。在乳酸乳球菌中，盐应激反应已显示出与热应激有部分的一致性，通过 2-DE 凝胶分析，一般应激蛋白 DnaK、GroEL、GroES 已被鉴定出来。用 2-DE 分析乳酸菌中的盐应激反应为认识 NaCl 的应激调节机制提供新的角度。但是，在乳酸乳球菌中没有特异性的 NaCl 诱导蛋白被检测出来。实际上，对其他细菌研究显示，被 NaCl 诱导的转运子是难溶的或在 2-DE 凝胶上不易检测的膜整合蛋白。

7.5.7 饥饿应答作用

在乳酸菌生长的自然环境中，经常缺乏其生长繁殖的营养条件。乳酸菌对这种胁迫的相应机制是合成一系列的 σ 因子，从而调节某些基因的表达。当乳酸菌细胞处于静止状态时，有一系列的因子，如碳源饥饿、pH 氧化休克等影响着细胞的状态，所以很难区分某一种因素的作用。然而，这在一般的基因组测序中无法分析得出。2-DE 方法被用来分析乳酸乳球菌葡萄糖饥饿响应合成的蛋白，粪肠球菌葡萄糖饥饿响应合成的蛋白等。因此，通过蛋白质组技术人们就能成功地得到饥饿响应的信息。后者诱导的某些蛋白在氧化钙诱导时也曾出现过，而且这些葡萄糖饥饿响应的蛋白也会使粪肠球菌对过氧化氢、酸或醇有一定的抗性，但对 UV 还是敏感的。

这些蛋白质其中之一已被确认为氨甲酸激酶，由精氨酸脱亚氨酶-精氨酸降解途径相关的 arc 操纵子编码。已知这条产 ATP 的途径受碳水化合物抑制，可以假定这条途径是在葡萄糖饥饿时为细胞提供能量的一条途径。另一个葡萄糖饥饿诱导的蛋白 gls24 可被多种胁迫诱导，它由一个含有 6 个可读框的操纵子编码。而 gls24 与上游的 orf4 极其相似，可能是由 gls24 复制造成的。然而这两个同源基因却编码不同的蛋白。

7.6 乳酸菌的遗传育种

7.6.1 传统乳酸菌菌种的改良

自然选育通过表型来淘汰功能不良的菌株，主要是从菌落形态、菌落大小、生长速度、颜色等可直接观察到的菌体的形态特征，对菌株加以分析判断，除去可能的低产菌落，将高产型菌落逐步筛选出来。再通过目标代谢物生成量做进一步分析。传统的乳酸菌菌种的选育工作包括自然选育和诱变选育两种方法。自然选育的基础来自菌种的自发突变，但是菌种的自发突变率极低，因此，若要进行自然选育，就需要筛选大量的菌株。

在第一步初筛优良菌株的基础上，对选出的高产菌落进行复筛，进一步淘汰性能不良菌株，筛选出性能优良的菌株。再进行遗传基因纯度试验，以考察菌种的纯度，将复筛后得到的高产菌种进行菌株分离，再次通过表观形态进行考察，分离后的菌落类型愈少，则表示纯度愈高，相似的主要菌落占总菌落的 90% 以上，表明菌株的遗传基因型分离少而且稳定。传代稳定试验在生产中根据生产规模需要逐级扩大菌种培养模式，因此，菌种扩增需要多次的传代培养，此过程要求菌种具有强稳定的遗传性能。

诱变育种是指人为地用生物、化学、物理的方法处理菌株，使菌株的遗传物质发生变异，从而达到改变其表型的目的。按诱变剂不同可分为生物、化学、物理的诱变剂。一般是根据诱变剂的作用机理来选择诱变剂，可选择多种诱变剂一起使用或先后使用。一般来说，诱变效应往往随剂量增高而增高，但达到一定剂量后，再增大剂量，诱变率反而下降。应选择能够提高正变株变异频率幅度的诱变剂量。同时可以使用增效（变）剂，如氯化锂来提高诱变率。研究者利用亚硝酸胍和乙基甲磺酸盐对双歧杆菌、乳杆菌等进行化学诱导，结果菌株的 β-半乳糖苷酶表达活性提高了 70%～222%。

7.6.2　基因工程育种

基因工程（Gene engineering 或 Genetic engineering）又称为遗传工程、DNA 重组技术（Recombinant DNA technology）、基因克隆，是现代生物工程的重要组成部分。基因工程技术指人为地在基因水平对遗传信息进行分子操作，使生物表现新的性状，其核心是构建重组体DNA 的技术。微生物基因工程是指对微生物在基因水平上进行遗传改造。

随着分子生物技术的不断发展，乳酸菌遗传机制研究逐渐深入，乳酸菌相关遗传操作平台也逐步建立和健全，基因工程育种已经成为改造乳酸菌性状的重要育种手段。

乳酸菌作为世界公认安全（GRAS，Generally recognized as safe）的食品级微生物，广泛应用于食品及临床领域。同时，将乳酸菌替代大肠杆菌作为基因工程的宿主菌具有诸多优势，如乳酸菌具有高度可调控的启动子系统，在细胞内外均可表达外源基因并能将其分泌到胞外培养基中。当前已有大量外源基因，如共轭亚油酸、编码抗菌肽、幽门螺杆菌中性粒细胞激活蛋白、超氧化物歧化酶、谷氨酰胺转氨酶、β-半乳糖苷酶等基因在乳酸乳球菌中成功表达。植物乳酸菌、约氏乳杆菌、冷明串珠菌、沙克乳杆菌、粪肠球菌等也被用作外源基因的表达载体。

8 乳酸菌生长特性

8.1 乳酸菌细胞的化学元素组成

    分析微生物细胞的化学组成与各成分含量，是了解微生物营养需求的基础，也是培养微生物时，设计与配制培养基乃至对生长繁殖过程进行调控的重要理论依据之一。因此，了解乳酸菌的营养要素，首先需要了解菌体细胞的化学组成。因为菌体细胞的化学构成与各成分含量基本反映了乳酸菌生长繁殖所需求的营养物质的种类与数量。

    乳酸菌细胞的化学元素组成与其他真细菌细胞的化学元素组成一样，由20多种元素组成，包括大量元素 C、H、O、N、P、S（这6种元素约占细菌细胞干重的97%）和微量元素 Fe、Mn、Zn 等构成。微生物细胞中这些元素主要以水、有机物、无机物质形式存在。水是细胞中的一种主要成分，一般可占细胞重的90%以上。有机物主要包括蛋白质、糖类、脂类、核酸、维生素及它们的降解产物、代谢产物。无机物或参与有机物组成，或单独存在于细胞原生质内的无机盐等。

8.2 乳酸菌对各种营养元素要求

    组成乳酸菌细胞的化学元素分别来自其生存所需要的营养物质。乳酸菌生长所需要的元素主要是由相应的有机物和无机物提供，小部分可以由分子态的气体物质提供。营养物质按照它们在机体中的生理作用不同，区分成碳源、氮源、生长因子、能源、水和无机盐等六大类。

8.2.1 碳源（Carbon source）

凡可被微生物用来构成细胞物质或代谢产物中碳架来源的营养物通称为碳源。乳酸菌为化能异养型微生物，因此碳源兼作能源，碳源对乳酸菌生长而言，具有举足轻重的作用。乳酸菌细胞的含碳量约占细胞干重的 50%。

微生物所能利用碳源的种类远超过动植物。微生物能利用的碳源的种类及形式极其广泛多样，既有简单的无机含碳化合物如 CO 和碳酸盐等，也有复杂的天然有机化合物，如糖与糖的衍生物、醇类、有机酸、脂类、烃类、芳香族化合物以及各种含氮的有机化合物。至今，人类已发现的能被微生物利用的含碳有机物有 700 多万种，微生物的碳源谱极其宽广。

其中糖类通常是许多微生物最广泛利用的碳源与能源物质；其次是醇类、有机酸类和脂类等。微生物对糖类的利用，单糖优于双糖和多糖，己糖胜于戊糖，葡萄糖、果糖胜于甘露糖、半乳糖；在多糖中，淀粉明显地优于纤维素或几丁质等多糖，纯多糖则优于琼脂等杂多糖和其他聚合物（如木质素）等。乳酸菌的碳源谱较窄，最常见碳源是单糖中己糖，部分菌种能利用戊糖，只有极少数菌种能利用淀粉。

乳酸菌各菌属的主要碳源如下。

（1）乳杆菌属

葡萄糖>果糖>麦芽糖>半乳糖>蔗糖>甘露糖>核糖>乳糖>纤维二糖>蜜二糖。

（2）双歧杆菌属

葡萄糖>蔗糖>麦芽糖>蜜二糖>果糖、棉籽糖>半乳糖>核糖>乳糖>阿拉伯糖、淀粉>木糖。

（3）明串珠属菌

葡萄糖>果糖>蔗糖>海藻糖>麦芽糖>甘露糖>半乳糖、乳糖>核糖、木糖>蜜二糖、阿拉伯糖>纤维二糖、棉子糖。

乳酸菌对碳源的利用因种不同而异，可利用的种类差异极为悬殊。有的微生物能广泛利用各种不同类型的含碳物质，有的微生物利用碳源能力却有限，只能利用少数几种碳源，同时，同一种菌不同菌株利用碳源的能力也存在很大差别。例如，研究者发现，嗜热链球菌的不同菌株对碳源的利用具有明显的差异，部分菌株可以利用半乳糖，而有的菌株不能利用半乳糖。

8.2.2 氮源（Nitrogen source）

能被微生物用来构成微生物细胞组成成分或代谢产物中氮素来源的营养物通称为氮源。乳酸菌由于其蛋白质分解能力和氨基酸的合成能力很弱，因此在培养乳酸菌时，普遍需要向它们提供富含各种肽类和氨基酸的有机氮源，包括蛋白胨、酵母粉、牛肉膏或番茄汁等。一些常见乳酸菌对氨基酸的需要情况见表8-1。

表8-1　几种常见乳酸菌对氨基酸的需求

菌名	天冬氨酸	谷氨酸	精氨酸	组氨酸	赖氨酸	丙氨酸	胱氨酸	甘氨酸	异亮氨酸	亮氨酸	甲硫氨酸	苯丙氨酸	脯氨酸	丝氨酸	苏氨酸	色氨酸	酪氨酸	缬氨酸	正亮氨酸	正缬氨酸
植物乳杆菌 17-5	±	+	±	-	±	+	+	-	+	+	±	±	-	±	+	±	+	+		
干酪乳杆菌	+	+	+	±	±	±	-	±	+	+	-	+	±	+	-	+	+	+	-	-
戊糖乳杆菌 124-2		+							+		-			+		-				
肠膜明串珠菌 P-60	+	+	+	+	±	+	+	+	+	+	+	+	+	+	+	+	+	+		
粪肠球菌 R	+	+	+		-	±	-	±	+	+	-	-	+	+	+	+	+			
乳酸乳球菌 L-103	-	±	+	±	±	+	-	-	+	+	+	+		±	-	+	+	+		

8.2.3 无机盐（Mineral salts）

无机盐是微生物生长必不可少的一类营养物质，为机体生长提供必需的金属元素。根据微生物生长繁殖对无机盐需要量的大小，可分为大量元素和微量元素两大类。凡是生长所需浓度在 $10^{-4} \sim 10^{-3}$ mol/L 范围内的元素，可称为宏量元素，例如 S、P、K、Na、Ca、Mg、Fe 等。凡所需浓度在 $10^{-8} \sim 10^{-6}$ mol/L 范围内的元素，则称为痕量元素，如 Cu、Zn、Mn、Mo、Co、Ni、Sn、Se 等。Fe 实际上是介于宏量元素与痕量元素之间。

本书简要介绍无机盐的生理功能。

（1）钙

钙是细胞内重要的阳离子之一，它是某些酶（如蛋白酶类）的激活剂；钙参与细胞膜通透性的调节；钙是细菌芽孢的重要组成元素。各种水溶性钙，如氯化钙、硝酸钙等都是微生物钙元素的来源。

（2）磷

磷是合成核酸、核蛋白、磷脂以及其他含磷化合物的重要元素，也是许多酶与辅酶的成分。磷在微生物生长和繁殖过程中起着重要作用。磷也是缓冲液的成分，调节 pH 值的作用。主要通过添加磷酸一氢钾和磷酸二氢钾为微生物提供磷元素。

（3）镁

镁是光合微生物的光合色素——叶绿素或细菌叶绿素的组成元素；镁是某些酶的辅助因子，如己糖磷酸化酶、羧化酶、异柠檬酸酶、核酸聚合酶等；镁在某些细胞结构如核糖体、细胞膜等的稳定性起重要作用。硫酸镁是常见的微生物镁元素来源。

（4）铁

铁是过氧化氢酶、过氧化物酶、细胞色素、细胞色素氧化酶的组成元素；铁也是某些铁细菌的能源物质。

（5）硫

硫是构成蛋白质的主要成分之一，如胱氨酸、半胱氨酸、甲硫氨酸。硫也是一些生理代谢活性物质的成分，如硫胺素、生物素、辅酶A 等。

（6）钾

钾是缓冲液的成分，调节 pH 值的作用；钾参与细胞内许多物质的运输；钾是许多酶（如果糖激酶等）的激活剂。各种无机钾，如硝酸二氢钾、硝酸一氢钾可作为钾元素的来源。

在配制微生物培养基时，对于大量元素可以加入有关化学试剂，常用 K_2HPO_4 及 $MgSO_4$，因为可提供 4 种需要量最大的元素。对于微量元素，由于水、化学试剂、玻璃器皿或其他天然成分的杂质中已含有可满足微生物生长需要的各种微量元素，因此在配制普通培养基时一般不再另行添加。但如果要配制研究营养代谢等的精细培养基，所用的玻璃器皿应是硬质的，试剂是高纯度的，此时就须根据需要加入必要的微量元素。但是也要注意的是，微量元素过量产生的毒害作用很大。

8.2.4　生长因子（Growth factor）

为某些微生物生长所必需而且需要量很小，但微生物自身不能合成或合成量不足以满足机体需要的有机化合物通称为生长因子。因为某些微生物在一般含有碳源、氮源、无机盐的培养基里培养时，还不能生长或者是生长极差，但当在这种培养基中加入某种物质后，微生物会生长得更好。

各种微生物生长需要的生长因子的种类和数量是不同的；同种微生物对生长因子的需求也会随着环境条件的变化而变化。通常由于对某些微生物生长所需的生长因子要求不了解，因此常在培养这些微生物的培养基里加入酵母膏、牛肉膏、麦芽汁或其他新鲜的动植物组织浸出液等物质以满足它们对生长因子的需要。

狭义的生长因子指维生素。最早发现的生长因子就是维生素，目前已经发现许多维生素都能起生长因子的作用。维生素大部分是构成酶的辅基或辅酶，需要量很少，但是缺少维生素微生物不能正常生长。乳酸菌是一类对生长因子尤其是维生素依赖性很强的微生物，一些常见的乳酸菌的生长均需要维生素的存在。例如植物乳杆菌、巴西乳杆菌、布氏乳杆菌、德氏乳杆菌、番茄乳杆菌、肠膜明串珠菌、戊糖乳杆菌、粪肠球菌、乳酸乳球菌等乳酸菌的生长，均需要生物素、烟酸、泛酸等维生素的存在。

广义的生长因子除了维生素外，还包括氨基酸类、嘌呤和嘧啶类以及脂肪酸和甾醇等其他膜成分等。有些微生物缺乏或丧失合成某种或某些氨基酸的酶，所以不能合成生长所必需的氨基酸，这类微生物被称为"氨基酸缺陷型"。例如：肠膜明串珠菌（*Leuconostoc mesenteroides*）常需要由外源供给多种氨基酸才能生长。另外，有些微生物生长还需要其他特殊的成分，例如某些乳酸杆菌生长需要核苷。

8.2.5 水 （Water）

水占微生物体湿重的 70%～90%，是微生物细胞的重要组成成分，也是维持微生物生命活动不可缺少的物质。水在微生物机体中具有重要的功能，其功能如下。

① 水是维持细胞正常形态的重要因素。

② 水是热的良好导体，因为水的比热高，故能有效地吸收代谢过程中放出的热并将其迅速散发，以免胞内温度骤然升高，故而水能有效地控制胞内温度的变化。

③ 水能起到胞内物质运输介质的作用，营养物质只有呈溶解状态才能被微生物吸收、利用，代谢产物的分泌也需要水的参与。

④ 水参与细胞内一系列的化学反应。

⑤ 水维持着生物大分子蛋白质、核酸等稳定的天然构象，水使原生质保持溶胶状态，保证了代谢活动的正常进行；当含水量减少时，原生质由溶胶变为凝胶，生命活动减缓，如同细菌芽孢。如原生质失水过多，引起原生质胶体破坏，可导致菌体死亡。

⑥ 微生物通过水合作用与脱水作用控制着多亚基组成的结构，如酶、微管、鞭毛、病毒颗粒的组装与解离。

微生物对水分的吸收或排出决定于水的活度。水分活度用 a_w（Activity of water）表示，指一定的温度和压力下，溶液的蒸汽压（p）和纯水蒸汽压（p_o）的比值。一般微生物只有在水活度适宜的环境中，才能进行正常的生命活动。细菌最适生长的 a_w 值一般在 0.93～0.99。常温常压下，纯水的 a_w 为 1.00。当溶质溶解在水中以后，使分子之间的引力增加，冰点下降，沸点上升，蒸汽压下降，则 a_w 变小。溶液浓度与水活度成反比，溶质越多 a_w 越小，反之越大。

微生物的生长在适宜范围及最适的 a_w 值，并且 a_w 值是相对恒定的。微生物生长所要求的水分活度值为 0.66～0.99。酵母菌生长的最适 a_w 值为 0.88～0.91；霉菌一般比其他微生物更耐干燥，生长的 a_w 值通常在 0.80 左右。

菌体生长时期不同及环境条件发生改变，对 a_w 的要求会有所不同。细菌芽孢形成时比生长繁殖时所需要的 a_w 值高。同一微生物在不同溶质 pH 值、温度条件下生长所需的最低 a_w 有所不同。如果微生物生长环境的 a_w 值大于菌体生长的最适 a_w 值，细胞就会吸水膨胀，甚至引起细胞破裂。反之，如果环境 a_w 值小于菌体生长的最适 a_w 值，则细胞内的水分就会外渗，造成质壁分离，使细胞代谢活动受到抑制甚至引起死亡。

8.3　生长条件

微生物的生长是微生物与外界环境相互作用的结果。环境条件的改变，在一定的限度内，可使微生物的形态、生理、生长、繁殖等特征引起改变，微生物抵抗或者适应环境条件的某些改变。当环境条件的变化超过一定极限，则会导致微生物的死亡。以下将讨论影响乳酸菌生长的几个重要环境因素，即氧气、温度、渗透压和酸度。

8.3.1　氧气

氧气对微生物的生命活动有着重要影响。根据微生物对氧气的喜好，分为以下几个类型，专性好氧菌、兼性厌氧菌、微好氧菌、耐氧菌和厌氧菌。

（1）专性好氧菌（Obligate or strict aerobes）

大多数细菌、放线菌和真菌是专性好氧菌。专性好氧菌必须在分子氧存在的条件下才能生长。专性好氧菌具有完整的呼吸链，以分子氧作为最终电子受体，细胞有超氧化物歧化酶（SOD）和过氧化氢酶。只能在较高浓度分子氧的条件下才能生长。

（2）兼性厌氧菌（Facultative anaerobes）

兼性厌氧菌也称兼性好氧菌（Facultative aerobes）。如大肠杆菌（*E.coli*）、产气肠杆菌（*Enterobacter aerogenes*）等肠杆菌科（*Enterobacteriaceae*）的成员，地衣芽孢杆菌（*Bacillus lichenifornus*）、酿酒酵母（*Saccharomyces cerevisiae*）等。这类菌在有氧或无氧条件下都能生长，但有氧的情况下生长得更好。一般以有氧生长为主，有氧时靠呼吸产能；兼具厌氧生长能力，无氧时通过发酵或无氧呼吸产能。

（3）微好氧菌（Microserophilic bacteria）

发酵单胞菌属（*Zymontonas*）、弯曲菌属（*Gampylobacter*）、氢单胞菌属（*Hy drogenomonas*）、霍乱弧菌（*Vibrio cholerae*）等菌株为微好氧菌。只能在较低的氧分压下，即 0.01 ~ 0.03Pa 下才能生长，通过呼吸链，以氧为最终电子受体产能。

（4）耐氧菌（Aerotolerant anaerobes）

乳酸乳杆菌（*Lactobacillus lactis*）、乳链球菌（*Streptococcus lactis*）、肠膜明串珠菌（*Leuconostoc mesenteroides*）和粪肠球菌（*Enterobacter faecalis*），这些菌生长不需要氧，但可在分子氧存在的条件下形成发酵性厌氧生活，分子氧对它们无用，但也无害，称为耐氧性厌氧菌。氧对其无用的原因是它们不具有呼吸链，只通过发酵经底物水平磷酸化获得能量。细胞内存在 SOD 和过氧化物酶，但没有过氧化氢酶。一般的乳酸菌大多是耐氧菌。

（5）厌氧菌（Anaerobes）

梭菌属（*Clostridium*）成员，如双歧杆菌属（*Bifidobacterium*）、丙酮丁醇梭菌（*Clostridium acetobutylicum*），拟杆菌属（*Bacteroides*）的成员，着色菌属（*Chromatium*）、硫螺旋菌属（*Thiospirillum*）等属的光合细菌与产甲烷菌都属于厌氧菌。

氧气对厌氧性微生物产生毒害作用的机理主要是厌氧微生物在有氧条件下生长时，会产生有害的超氧基化合物和过氧化氢等代谢产物，这些有毒代谢产物在胞内积累而导致机体死亡。

分子氧对厌氧菌有毒，氧可抑制这类菌的生长，甚至导致死亡（严格厌氧菌）。因此，只能在无氧或氧化还原电位很低的环境中生长。其生命所需要的能量是通过发酵、无氧呼吸、循环光合磷酸化或者甲烷发酵等方式提供；细胞内缺乏 SOD 和细胞色素氧化酶，大多数厌氧菌缺乏过氧化氢酶。

例如，微生物在有氧条件下生长时，通过化学反应可以产生超氧基（O^{2-}）化合物和过氧化氢。这些代谢产物相互作用可以产生毒性很强的自由基。超氧基化合物与 H_2O_2 可以分别在超氧化物歧化酶（Superoxide dismutase，SOD）与过氧化氢酶（Catalase）作用下转变成无毒的化合物。

好氧微生物与兼性厌氧细菌细胞内普遍存在着超氧化物歧化酶和过氧化氢酶。而严格厌氧细菌不具备这两种酶，因此严格厌氧微生物在有氧条件下生长时，有毒的代谢产物在胞内积累，引起机体中毒死亡。耐氧性微生物只具有超氧化物歧化酶，而不具有过氧化氢酶，因此在生长过程中产生的超氧基化合物被分解去毒，过氧化氢则通过细胞内某些代谢产物进一步氧化而解毒，这是决定耐氧性微生物在有氧条件下仍可生存的内在机制。

8.3.2 温度

温度是影响乳酸菌生长繁殖的重要因素之一。微生物在一定的温度下生长，温度低于最低或高于最高限度时，菌体停止生长或死亡。在一定温度范围内，机体的代谢活动与生长繁殖，随着温度的上升而增加。当温度上升到一定程度时，开始对机体产生不利影响，如果再继续上升，则细胞功能急剧下降以致死亡。

根据微生物生长温度范围，通常把微生物分为高温型（Thermophiles）、中温型（Mesophiles）和低冷型（Psychrophiles）三种。大多数微生物属于中温型微生物（嗜温型微生物）。嗜温型微生物又分为嗜室温和嗜体温性微生物两类。其中腐生性微生物的最适温度为25~30℃，哺乳动物寄生性微生物的最适温度为37℃左右，肠道中微生物即属于此类型。

低温型微生物（嗜冷微生物）最适生长温度10~18℃。引起冷藏食物腐败的假单胞菌为此类型菌。嗜冷性微生物细胞内的酶在低温下仍能缓慢而有效地发挥作用，同时细胞膜中不饱和脂肪酸含量较高，可推测为它们在低温下仍保持半流动液晶状态，从而能进行活跃的物质代谢。高温型微生物的最适生长温度在45~58℃，嗜热链球菌为此类菌。

微生物生长温度范围很宽，但各种微生物都有其生长繁殖的最高温度、最低温度和最适温度，即生长温度三基点，下面分别进行叙述。

（1）最低生长温度

最低生长温度是指微生物能进行生长繁殖的最低温度界限。处于这种温度条件下的微生物生长速率很低，如果低于此温度则生长可完全停止。

（2）最适生长温度

最适生长温度是微生物分裂代时最短或生长速率最高时的培养温度叫最适生长温度。但是微生物的最适生长温度不一定是一切代谢活动的最佳温度。

（3）最高生长温度

最高生长温度是指微生物生长繁殖的最高温度界限。在此温度下，微生物细胞易于衰老和死亡。微生物所能适应的最高生长温度与其细胞内酶的性质有关。例如，细胞色素酶以及各种脱氢酶的最低破坏温度常与该菌的最高生长温度有关。

（4）致死温度

当环境温度超过最高温度，便可杀死微生物。这种致死微生物的最低温度界限即为致死温度。致死温度与处理时间有关。在致死温度时，杀死该种微生物所需的时间称为致死时间。在致死温度以上，温度愈高，致死时间愈短。常见乳酸菌的生长温度范围见表8-2。

表8-2 常见乳酸菌的生长温度范围

菌属名	生长温度范围	最适生长温度为
乳杆菌属	2~53℃	30~40℃
双歧杆菌属	25~45℃	37~41℃
明串珠菌属	5~30℃	20~30℃
片球菌属	25~40℃	30℃为宜
链球菌属	25~45℃	37℃
肠球菌属	10~45℃	37℃
乳球菌属	30℃	能在10℃以下生长，不能在45℃下生长

8.3.3 渗透压

大多数微生物适于在等渗的环境生长。微生物生长所需要的水分是指微生物可利用的水。如微生物虽处于水环境中，但如其渗透压很高，即便有水，微生物也难于利用。高渗条件下（20%的NaCl），即发生质壁分离；低渗条件下（0.01%的 NaCl），发生细胞膨胀。因此，渗透压对微生物生长极其重要。

不同乳酸菌种属对渗透压的适应性差别很大，大多数来自乳球菌属的菌株只能在4%的盐环境中生长，肠球菌属和链球菌属的菌种可以在6.5%的盐环境中生长，而分离自传统发酵黄豆酱中的嗜盐四联球菌可以在18%的盐环境中生长，甚至有的嗜盐四联球菌菌株可以在26%的盐环境中生长。

8.3.4　氢离子浓度（pH）

每种微生物都有最适宜的 pH 值和一定的 pH 值适应范围，因为微生物的生命活动受环境酸碱度的影响较大。在最低或最高 pH 值的环境中，微生物虽然能生存和生长，但是生长速度非常缓慢，而且容易死亡。因为 pH 值通过影响细胞质膜的通透性、膜结构的稳定性和物质的溶解性或电离性来影响营养物质的吸收，从而影响微生物的生长速率。

而在最适 pH 值范围内微生物生长繁殖速度就很快。因为各种微生物处于最适 pH 值范围时酶活性最高，如果其他条件适合，微生物的生长速率也最高。当低于最低 pH 值或超过最高 pH 值时，将抑制微生物生长甚至导致死亡。不同乳酸菌可生长的 pH 值范围存在差别，表8-3列出常见乳酸菌的生长 pH 值范围。

表 8-3　常见乳酸菌的生长 pH 值范围

菌名	最低 pH 值	最适 pH 值	最高 pH 值
嗜酸乳酸杆菌	4.0~4.6	5.8~6.6	6.8
肠球菌属	—	中性和微碱性范围生长良好	9.6 时可生长
乳球菌属	—	生长在酸性和中性范围内	9.6 时不生长
链球菌属	—	pH 值范围较广	9.6 时可生长
明串珠菌属	<4.4 停止生长	5.0 以上	—

由于乳酸菌在生长过程中会产生乳酸，因此对酸性环境十分适应。但是，最适生长 pH 值只代表了外环境中的 pH 值，而内环境中的 pH 值必须接近中性，以防止易受酸碱影响的大分子被破坏。

9 乳酸菌与噬菌体

在食品发酵加工和制备发酵剂的地方，都存在大量的乳酸菌噬菌体。其主要生长在食品原料（如原料乳、蔬菜、乳清等）、水池、设备、天棚、墙壁和下水道等地方。噬菌体能抵抗恶劣的环境，具有极强的抗热、抗干燥的能力。噬菌体作用于乳酸菌非常迅速。乳酸菌对噬菌体也敏感，常常被感染。

噬菌体的溶菌周期从噬菌体附着宿主开始，到新的噬菌体颗粒复制完成，需要45min并且能够生成100个新的噬菌体颗粒。与此同时，宿主细胞也将破裂，释放出的成熟病毒粒子又立刻会去侵染新的宿主细胞。噬菌体的生长繁殖速度远快于细菌的生长繁殖速度。此外，已经发现了乳酸菌的多个种中存在温和噬菌体，与烈性噬菌体相比，具有更大的隐患，前期不易被察觉。在外界环境中发生变化或者被诱导时，乳酸菌会发生溶原性转变，噬菌体从乳酸菌基因组中脱离下来，转变为烈性噬菌体，引发乳酸菌的裂解。

食品发酵工业普遍存在着噬菌体的危害，当发酵过程中污染了噬菌体后，轻者使发酵周期延长，发酵单位降低；重者则造成倒罐，酿成巨大经济损失，噬菌体感染已成为发酵工业的大敌。

在乳制品发酵工业中，如感染噬菌体将会产生如下危害。

① 被噬菌体感染后，酸奶中的乳酸菌菌种会发生变化。

② 噬菌体能够破坏发酵剂的活力，导致发酵缓慢，发酵时间明显长于正常发酵时间。

③ 噬菌体感染后具有极强的传染性。

④ 导致乳酸菌活菌数明显下降。在噬菌体感染初始阶段，活菌数不及原来的1/10。

⑤ 在噬菌体侵染25d后，活性乳酸球菌和杆菌数都会低于正常

产品的千分之一。

噬菌体感染一段时间后，发酵乳制品中的球菌变成杆菌，形态也发生异常。正常发酵时，乳酸杆菌较短，乳酸球菌为小圆球状；发酵异常时，乳酸杆菌变得细长，乳酸球菌变为较大的不规则圆形。

发酵乳制品感染噬菌体后，破坏了球杆菌的生理化学特性，使得发酵剂的活性降低，导致发酵时间延长，产品风味变差。在口感方面，由于酸奶黏度的降低，导致酸乳蛋白质基质缺乏黏性物质，产品局部沉淀，有颗粒状结构，口感粗糙。这是由于噬菌体使具有产黏特性球菌菌数急剧下降，产黏能力变差，黏度低的乳清析出随之增多，酸奶保水性能显著降低。

9.1 乳酸菌噬菌体分类、特性

由于乳酸菌类型多样，必然导致乳酸菌噬菌体种类繁多。1935年，噬菌体对乳酸菌发酵剂的感染被首次报道。噬菌体具有很强的宿主专一性和依赖性，是导致发酵失败的原因之一。在乳酸菌噬菌体的分类中，早期是根据其宿主范围以及形态，后来更侧重基因相关性和同源性。乳酸菌噬菌体属于有尾噬菌体目，该目分为三个科，分别是 *Myouiridae*（有收缩性尾）、*Siphoviridae*（长而非收缩性尾）、*Podovirdae*（短而非收缩性尾）。后两科中根据它们的大小和形态可进一步细分，头等长、小扁长和大扁长头。虽然乳酸菌噬菌体具有特殊的附属物，如颈圈、基板、须、刺突和尾丝，这些结构在分类上不重要。乳品工业中存在多数为 *Siphoviridae* 家族（表 9-1）。

表 9-1 乳酸菌中常见的 *Siphoviridae* 家族噬菌体

宿主	噬菌体家族	噬菌体种类	已完全测序成员数量	参考文献
Lactococcus lactis	*Siphoviridae*	936	51	Deveau et al., 2006
Lactococcus lactis	*Siphoviridae*	P335	15	Deveau et al., 2006
Lactococcus lactis	*Siphoviridae*	c2	2	Deveau et al., 2006

（续表）

宿主	噬菌体家族	噬菌体种类	已完全测序成员数量	参考文献
Lactococcus lactis	*Siphoviridae*	1 358	1	Deveau et al., 2006
Lactococcus lactis	*Siphoviridae*	Q54	1	Deveau et al., 2006
Lactococcus lactis	*Siphoviridae*	P087	1	Deveau et al., 2006
Lactococcus lactis	*Siphoviridae*	1 706	1	Deveau et al., 2006
Lactococcus lactis	*Siphoviridae*	949	2	Deveau et al., 2006
Streptococcus thermophilus	*Siphoviridae*	cos	6	LeMarrec et al., 1997
Streptococcus thermophilus	*Siphoviridae*	pac	6	LeMarrec et al., 1997
Streptococcus thermophilus	*Siphoviridae*	5093-like	1	Mills et al., 2011
Leuconostoc mesenteroides	*Siphoviridae*	Ia 和 b 组	2	Ali et al., 2013
Leuconostocpeudomesenteroides	*Siphoviridae*	IIa-d 组	2	Ali et al., 2013

　　乳酸菌噬菌体与大肠杆菌 T 噬菌体形态类似，都有蛋白质组成的头部和尾部，在头部内含有遗传物质。它们或者具有正多面体形的头部，或者有椭圆形的头部。与大多数细菌噬菌体一样，乳酸菌噬菌体的核酸为 DNA。并且到目前为止，所有发现的乳酸菌噬菌体全都是由 dsDNA 遗传。乳酸菌噬菌体基因组结构非常紧凑。在较小的基因组中通常会有基因重叠现象，几乎不含非编码的 DNA 区域。到目前为止，总共有超过 100 个乳酸菌噬菌体基因组被测序。

9.2　噬菌体侵染细胞过程

　　烈性噬菌体侵染细胞分为吸附、DNA 侵入、增殖、装配和释放 5 个基本过程。

9.2.1 吸附

噬菌体与敏感的宿主细胞相遇后，与菌体表面发生非特异性吸附，随后会发生一种不可逆的特异性反应，即与宿主细胞特异性受点发生特异性共价结合。这个过程是决定噬菌体特异性感染宿主细菌的主要因素。吸附过程也受环境因子的影响，如温度、pH 等都会影响吸附速度。已经发现碳水化合物和蛋白对吸附过程的进行起关键作用。Raisanen 等人研究发现，脂磷壁酸质类 LTAs 是在 *Lactobacillus lactis* ATCC15808 中发现的噬菌体 LL-H 的唯一受体。

9.2.2 DNA 侵入

吸附完成后，噬菌体尾部的酶水解细菌的细胞壁使之产生一个小洞，噬菌体便通过挤压等方法将自身 DNA 注入宿主细胞，将蛋白质外壳留在细菌外。通常噬菌体可以受到多种噬菌体的吸附，而只有一种噬菌体 DNA 能够注入，其他噬菌体 DNA 即使注入也不能完成增殖。

9.2.3 增殖

噬菌体 DNA 进入宿主细胞后，会引起一系列变化。宿主的合成作用受到影响，噬菌体会逐渐控制细胞的代谢。之后噬菌体 DNA 就会利用宿主的"资源"复制并转录自身基因，翻译噬菌体蛋白，进而装配成完整子代噬菌体。

9.2.4 装配

当噬菌体的核酸和蛋白质分别合成后，即装配成成熟的、有侵染力的噬菌体粒子。

9.2.5 释放

当宿主细胞中已产生大量子代噬菌体后。细胞被由噬菌体产生的溶菌素酶所溶解，释放子代噬菌体。裂解素是一类噬菌体编码的细胞壁水解酶，乳酸菌噬菌体产生的裂解素主要是破坏肽聚糖中的

β-1-4 糖苷键的胞壁质酶以及作用在 N-乙酰胞壁酸和 L-氨基酸之间肽键的酰胺酶。其 C 端为细胞壁结合结构域，N 段为催化结构域。大部分裂解素并不能直接跨过细胞膜直接作用于细胞壁，而需要借助穿孔素在细胞膜上形成的通道才能到达细胞壁。在裂解素-穿孔素裂解系统中，噬菌体借助一种蛋白质来精确控制裂解时间，保证在裂解循环结束时释放大量的子代噬菌体。

9.3 乳酸菌的抗噬菌体感染机制

乳酸菌在长期与噬菌体的较量中，许多菌株已经获得了抗噬菌体感染机制。乳酸菌自身会针对噬菌体的入侵 4 个步骤分别采取不同措施来应对噬菌体侵染。① 干扰噬菌体吸附；② 阻止 DNA 的注入；③ 限制和修饰系统（R/M 系统）；④ 流产感染系统。

参考文献

白雪冬，2009. 一株嗜盐菌新种的分离鉴定与特性研究［D］. 成都：西南交通大学.

白玉龙，2012. 儿童口腔变形链球菌和乳杆菌检测及其与龋病发生风险的关系［D］. 天津：天津医科大学.

毕洁，王淼，周昀，苏晓晋，2005. *Lactobacillus kefiranofaciens* 发酵生产 Kefiran 多糖的初步研究［J］. 食品与发酵工业（10）：76-80.

弗雷泽 C. M.，里德 T. D.，纳尔逊 K. E.，2006. 微生物基因组［M］. 许朝晖，喻子牛等译，北京：科学出版社.

曹承旭，郭晶晶，乌日娜，岳喜庆，2018. 植物乳杆菌的生理功能和组学研究进展［J］. 乳业科学与技术，189（1）：40-46.

陈臣，任婧，周方方，2013. 植物乳杆菌的比较基因组学研究［J］. 中国生物工程杂志，33（12）：35-44.

陈军，张雅萍，肖光夏，1998. 双歧杆菌活菌制剂治疗烧伤腹泻的临床观察与分析［J］. 中国微生态学杂志，10（4）：219-220.

陈乃用，2006. 乳酸菌应激反应及其在生产中的应用［J］. 工业微生物（3）：58-63.

陈琦，马燕芬，王利，2011. 乳酸菌基因组学与干酪风味的关系［J］. 中国乳品工业，39（10）：40-43.

陈蓉，郑清梅，高顺生，2001. 仙人掌对人体抗疲劳作用的实验研究［J］. 中国康复医学杂志，16（4）：209-211.

陈三凤，刘德虎，2011. 现代微生物遗传学［M］. 2 版. 北京：化学工业出版社.

陈声明，林海萍，张立钦，2007. 微生物生态学导论［M］. 北京：高等教育出版社.

陈薇，2007. 乳杆菌发酵产物与中药协同对皮肤消毒作用的研究［D］. 长春：吉林农业大学.

陈亚非，葛亚中，罗琦珊，2005. 复合膳食纤维通便作用的研究［J］. 现代食品科技（2）：47-50.

储徐建，2014. 耐低温乳酸菌的筛选与六种原料青贮中的应用［D］. 西宁：青海大学.

褚巧芳，张德纯，孙珊，2009. 双歧杆菌发酵果蔬汁对小鼠抗疲劳作用的实验研究［J］. 中国微生态学杂志，21（2）：106-108.

丛丽敏，董为为，梅璐，2015. 益生菌联合膳食纤维改善便秘［J］. 中国微生态学杂志（6）：632-638.

崔国艳，2007. 耐高温乳酸菌的选育及应用研究［D］. 西安：西北大学.

崔艳华，丁忠庆，曲晓军，2008. 乳酸菌双组分信号转导系统［J］. 生命的化学，28（1）：55-58.

崔艳华，张旭，张兰威，2010. 德氏乳杆菌保加利亚亚种电转化平台的构建和优化［J］. 生物信息学，8（3）：267-270.

崔艳华. 徐德昌，曲晓军，2008. 乳酸菌基因组学研究进展［J］. 生物信息学，85-89.

邓梅，2013. 新疆冷水鱼肠道耐低温乳酸菌多样性及产细菌素菌株的筛选［D］. 石河子：石河子大学.

丁琴凤，马丽，冯希平，2012. 口腔乳杆菌作为口腔益生菌的研究进展［J］. 广东牙病防治（12）：45-49.

丁素娟，王薇薇，李爱科，2016. 益生菌肠道黏附性研究进展［J］. 饲料工业（23）：55-61.

董锡文，薛春梅，吴玉德，2005. 极端微生物及其适应机理的研究进展［J］. 微生物学杂志，25（1）：74-77.

范丽平，李艾黎，霍贵成，2006. 乳酸菌食品级筛选标记研究进展［J］. 食品科学（9）：264-267.

方晨，2011. Her全人源抗体的制备及生物学功能研究［D］. 上海：第二军医大学.

方伟，2013. 德氏乳杆菌抗噬菌体菌株的筛选及抗性机理研究［D］. 哈尔滨：东北农业大学.

费鹏，2013. 轮状病毒腹泻婴儿肠道微生态变化的研究［D］. 哈尔滨：东北农业大学.

冯海燕，2012. 枯草芽孢杆菌XZI125改善米糠的功能活性成分并提高其营养价值的研究［D］. 南京：南京农业大学.

付雪峰，2014. 儿童口腔变形链球菌和乳杆菌检测及其与龋病发生风险的关系［J］. 中国妇幼保健，29（17）：2747-2748.

傅念，2008. 四株双歧杆菌对高脂饮食大鼠肥胖形成的影响及相关机制的研究［D］. 长沙：中南大学.

高阳，2013. 新疆冷水鱼肠道耐低温乳酸菌分离鉴定及系统发育研究［D］. 石河子：石河子大学.

高志祥，吴丽娥，2005. 急性腹泻与肠道菌群变化研究［J］. 职业与健康，21（4）：537-538.

弓三东，崔立红，2015. 粪菌移植在肠易激综合征中的研究进展［J］. 解放军医学院学报（10）：1006-1010.

宫蕾蕾，于风华，2011. 孕期应用益生菌对新生儿皮肤红斑的影响［J］. 现代中西医结合杂志，20（8）：945-946.

古松珊，2011. 两种氟制剂预防正畸牙釉质脱矿的临床研究［J］. 医药论坛杂志（12）：30-31.

顾晓颖，2007. 新疆两盐湖嗜盐菌生物多样性及嗜盐菌素分离纯化的研究［D］. 乌鲁木齐：新疆大学.

郭本恒，2004. 益生菌［M］. 北京：化学工业出版社.

郭红敏，2010. 用质粒pMG36e电转化保加利亚乳杆菌和乳酸乳球菌的研究［D］. 保定：河北农业大学.

郭素菊，付俊俐，蔡永明，2006. 胆囊切除后腹泻原因分析［J］. 武警医学，17（9）：678-679.

郭威，2011. 水稻条斑病菌致病相关基因的鉴定与功能研究［D］. 南京：南京农业大学.

郭兴华，2008. 益生乳酸细菌-分子生物学及生物技术［M］. 北京：科学出版社.

何佳璨，周桂荣，李欣欣，2020. 肠道菌群与肠易激综合征相关研究进展［J］. 中国微生态学杂志（1）：117-124.

何康生，眭光华，2009. 极端微生物的研究及其应用［J］. 广东化工，36（7）：109-111.

何梅，刘永芳，陈军，2002. 微生态活菌制剂治疗严重烧伤后腹泻的疗效观察［J］. 全国烧伤早期处理专题研讨会论文集.

何秋雯，2012. 益生菌 Lactobacillus casei Zhang 对大鼠Ⅱ型糖尿病的预防及治疗研究［D］. 无锡：江南大学.

洪华荣，2007. 胡萝卜渣膳食纤维提取工艺及其功能特性研究［D］. 福州：福建医科大学.

胡成远，陈雄，唐冠群，2009. 几种不同来源酵母抽提物对两株乳杆菌生长的比较研究［J］. 中国酿造（7）：50-53.

胡福泉，2002. 微生物基因组学［M］. 北京：人民军医出版社.

胡彤，吕晓萌，俞婷，2014. 乳酸菌质粒的研究进展［J］. 中国乳品工业，42（6）：26-29.

黄海燕，陈萍，2008. 抗噬菌体乳酸菌的研究进展［J］. 中国酿造（16）：8-11.

黄永成，2006. FQ-PCR 检测 DPV 弱毒免疫鸭消化道及呼吸道双歧杆菌、芽孢杆菌及肠球菌的数量变化规律研究［D］. 成都：四川农业大学.

冀建伟，2010. 双歧杆菌对应急大鼠肠道菌群及促肾上腺皮质激素释放激素的影响［D］. 郑州：郑州大学.

江旭丽，2004. 重度烧伤患者胃肠道并发症的护理进展［G］. 2004 年浙江省危重病学学术年会论文汇编.

江月斐，劳绍贤，邝枣园，2006. 腹泻型肠道易激综合征脾胃湿热证肠道菌群的变化［J］. 中国中西医结合杂志，26（3）：218-220.

姜国湖，董全江，纪令士，2008. 干酪乳杆菌对免疫效应细胞杀伤作用影响的研究［J］. 医学检验与临床（5）：7-8.

姜延龙，霍贵成，田波，2005. 乳酸菌抗噬菌体机制研究进展 [J]. 中国乳品工业 (8)：30-33.

姜远丽，郑晓吉，史学伟，2012. 天山冻土中嗜冷酵母菌生物多样性 [J]. 食品与生物技术学报 (12)：1289-1294.

蒋培余，潘劲草，2006. 细菌遗传元件水平转移与抗生素抗性研究进展 [J]. 微生物学通报，33 (4)：167-171.

金黎明，2010. 极端环境下的微生物 [J]. 生物学教学，35 (4)：56-58.

荆彦丽，2009. 南京地区临床分离大肠杆菌耐药性基因多样性及相关特性的研究 [D]. 南京：南京农业大学.

黎唯，李一青，李铭刚，2007. 极端环境微生物源活性物质的研究进展 [J]. 国外医药抗生素分册 (1)：1-5.

礼贺，2012. 益生菌 *L. casei* Zhang 对大鼠 Ⅱ 型糖尿病的预防及改善大鼠 Ⅱ 型糖尿病免疫作用的研究 [D]. 呼和浩特：内蒙古农业大学.

李兵，张庆芳，窦少华，2010. 低温石油烃降解菌 LHB16 的筛选及降解特性 [J]. 大连大学学报，31 (6)：72-74.

李超，董明盛，2005. 乳酸菌蛋白质组学研究进展 [J]. 食品科学 (1)：255-259.

李刚，2012. 胆囊切除术后腹泻的发病机制、临床诊断和预测 [D]. 扬州：扬州大学.

李和伟，刘星，王文婷，2015. 从皮肤微生态角度分析化妆品中的防腐、抑菌成分对皮肤健康的影响 [J]. 日用化学品科学，38 (6)：10-12.

李江，李光友，2011. 极端微生物—生物活性物质的新源泉 [J]. 自然杂志，33 (5)：275-28.

李洁，2012. 益生菌、葡聚糖对不同冷应激状态下贵妃雏鸡生理生化指标、免疫及 HSP70 表达的影响研究 [D]. 泰安：山东农业大学.

李菊兰，朱戎，2003. 胆囊切除术后腹泻患者肠道菌群变化 [J]. 中国微生态学杂志，15：(6) 33.

李坤，2013. 猪 IFN-α 基因在干酪乳酸杆菌中的分泌表达［D］. 郑州：河南农业大学.

李敏，吴海燕，2013. 肠内营养混悬液治疗老年冠心病患者功能性便秘疗效观察［J］. 实用医院临床杂志（1）：149-150.

李敏，2008. 哈茨木霉多菌灵抗性菌株的构建及其对水稻立枯病的防治［D］. 哈尔滨：哈尔滨工业大学.

李明远，2010. 微生物学与免疫学［M］. 北京：高等教育出版社.

李小萍，2014. 腹泻型肠易激综合征患者肠腔内菌群和肠道粘膜相关菌群的变化及意义［D］. 合肥：安徽医科大学.

李兴杰，2013. 微生物学［M］. 北京：高等教育出版社.

李颖，2013. 微生物生理学［M］. 北京：科学出版社.

廖博雅，王莎莎，张军东，2015. 肠道微生物在人类疾病中的作用［J］. 胃肠病学，20（2）：126-128.

廖文艳，苏米亚，周杰，2012. 益生菌以及益生元在肥胖及其代谢综合征中的潜在作用［J］. 中国微生态学杂志，24（3）：286-288.

廖文艳，王豪，周杰，2011. 益生菌在肥胖及其代谢综合症中的潜在作用［J］. 东北农业大学学报（8）：159-164.

林鑫，刘磊，孔令聪，2019. 细菌异源表达系统优化策略研究进展［J］. 动物医学进展，40（10）：79-83.

凌代文，1999. 乳酸细菌分类鉴定及实验方法［M］. 北京：中国轻工业出版社.

刘彩虹，邵玉宇，高姝冉，2013. 应激蛋白（CSPs）对乳酸菌抗冷冻性的影响［J］. 中国乳品工业，41（10）：18-22.

刘虹，蔺祎，张化朋，2015. 口腔益生菌在口腔疾病防治上的研究及应用［J］. 药学研究，34（6）：357-360.

刘辉，季海峰，王四新，2012. 乳酸菌基因组学研究进展［J］. 中国畜牧兽医（4）：158-161.

刘景霞，张卉，刘家寿，2008. 微生态制剂在亚健康中的保健应用［J］. 中国疗养医学，17（11）：667-668.

刘敬科，赵巍，刘莹莹，2014. 小米糠膳食纤维制备工艺及通便特性的研究 [J]. 食品科技，39（2）：177-181.

刘思燕，2003. 微生物肥料尝试太空育种 [J]. 中国航天报（8）：18-19.

刘洋，2011. 肠道菌群与新疆伊犁地区哈萨克族学龄儿童超重/肥胖的关联性研究 [D]. 乌鲁木齐：新疆医科大学.

刘作义，张爱华，1997. 不同病因腹泻病儿肠道主要菌群变化的研究和比较 [J]. 重庆医科大学学报，22（1）：49-51.

龙若庭，2006. 胃泌素调节激素（OXM）在双歧杆菌中的表达及其转基因双歧杆菌对肥胖小鼠食量、体重的影响 [D]. 广州：南方医科大学.

卢国民，孙虎芝，任慧英，2014. 抗生素替代品及其作用机理的研究进展 [J]. 中国畜牧兽医，41（12）：276-281.

卢金星，2004. 微生物与健康 [M]. 北京：化学工业出版社，

卢向阳，2004. 分子生物学 [M]. 北京：中国农业出版社.

吕晓萌，胡彤，俞婷，2014. 细菌异源表达抗菌肽的研究进展 [J]. 生物技术通报（5）：37-44.

吕晓萌，2015. 产抗菌肽乳酸菌筛选与抗菌肽异源表达 [D]. 哈尔滨：哈尔滨工业大学.

吕钟钟，张文竹，李海花，2009. 海藻复合膳食纤维改善小鼠胃肠道功能的实验研究 [J]. 中国海洋药物（6）：31-35.

罗冬英，尹传武，2002. 乳酸菌制剂对人体保健功效的机理探讨 [J]. 鄂州大学学报，9（4）：53-54.

马千里，刘冬，顾瑞霞，2014. 植物乳杆菌的益生特性及其在乳制品中的应用 [J]. 中国奶牛（1）：36-40.

梅璐，郑鹏远，袁杰利，2013. 益生菌与中药在改善肥胖中的研究进展 [J]. 中国微生态学杂志，25（2）：233-237.

梅璐，2016. 降脂益生菌联合决明子总蒽醌对大鼠非酒精性脂肪肝形成的影响及相关机制研究 [D]. 郑州：郑州大学.

孟君，2007. 益生菌组合和合生元治疗 Wistar 大鼠便秘型 IBS 模型探讨 [D]. 长沙：中南大学.

孟素香，曹健，2014. 极端微生物对极端环境的适应机理及应用研究进展［J］. 现代农业科技（9）：249-250.

孟祥晨，杜鹏，李艾黎等，2009. 乳酸菌与乳品发酵剂［M］. 北京：科学出版社.

聂凌鸿，2008. 膳食纤维的理化特性及其对人体的保健作用［J］. 安徽农业科学（28）：12086-12089.

宁青，宋捷，陈斌，2011. 复方蛹虫草制剂抗疲劳作用的实验研究［J］. 江苏中医药，43（11）：88-89.

钮秋亚，徐克群，薛乐宁，2012. 幽门螺杆菌感染与非口源性口臭关系的研究［J］. 实用临床医药杂志，16（11）：123.

蒲荣，张德纯，邱建，2007. 双歧杆菌 C57BL 小鼠抗辐射能力的研究［J］. 中国微生态学杂志（4）：330-332.

蒲荣，2007. 双歧杆菌抗辐射损伤及其机制研究［D］. 重庆：重庆医科大学.

秦丽萍，2014. 青藏高原垂穗披碱草青贮饲料中耐低温乳酸菌的筛选及其发酵性能研究［D］. 兰州：兰州大学.

秦生巨，2015. 弧菌及其对弧菌病的防控措施的建议（三）［J］. 当代水产 DOI：CNKI：SUN：NLSC. 0. 2015-08-035.

曲晓军，崔艳华，2012. 德氏乳杆菌保加利亚亚种耐酸机制［J］. 中国乳品工业（6）：50-52.

饶冉，2012. 极端环境微生物的适应机理及应用［J］. 安徽农业科学（27）：13512-13515.

任江红，秦立虎，2012. 酸奶生产中噬菌体的危害及控制［J］. 食品安全导刊（8）：15.

盛伟，范文艳，2011. 枸杞多糖对小鼠耐缺氧及抗疲劳能力的影响［J］. 新乡医学院学报 DOI：CNKI：SUN：XXYX. 0. 2011-03-012

SA SULLIVAN 等，2011. 添加乳酸菌对慢性疲劳综合症（CFS）的影响［J］. 饲料与畜牧（3）：39-41.

司马义，萨依木，2002. 极端环境中的低温微生物及其应用［J］. 生物学通报，37（8）：15-17.

宋方洲，2011. 基因组学 [M]. 北京：军事医学科学出版社.

孙继华，2008. 耐辐射菌株 WGR700、WGR702 的分离鉴定及耐辐射特性初步研究 [D]. 南宁：广西大学.

孙立国，2008. ICR 小鼠肠道乳酸菌的多样性分析及其组成与糖尿病关系的初步研究 [D]. 上海：上海交通大学.

覃霞，李全霞，何梅，2003. 严重烧伤伴腹泻患者口服双歧杆菌制剂的疗效观察及护理 [J]. 南方护理学报 (1)：57-58.

谭彬，2014. 益生菌对老年功能性便秘患者的临床研究 [J]. 中外医学研究 (20)：136-137.

谭惠子，万婕，2007. 膳食纤维的生理功能与改性 [J]. 江西食品工业 (4)：41-44.

谭文君，2009. 保加利亚乳杆菌代谢途径中关键基因的克隆与序列分析 [D]. 天津：天津大学.

唐鏖，陈军，喻世义，2004. 严重烧伤后腹泻患者肠道菌群变化的初步研究 [J]. 四川医学，25 (1)：73-74.

田丰伟，2012. 缓解氧化应激乳酸菌的筛选、表征和功能评价研究 [D]. 无锡：江南大学.

托娅，2008. 益生菌 *Lactobacillus casei* Zhang 免疫调节和抗肿瘤作用及机理研究 [D]. 呼和浩特：内蒙古农业大学.

汪孟娟，徐海燕，辛国芹，2013. 人体益生菌种类及其功能的最新研究 [J]. 畜牧与饲料科学，34 (1)：62-66.

王爱华，郑凤萍，2012. 加味增液汤结合生物反馈训练治疗阴虚肠燥型慢性功能性便秘的临床观察 [J]. 中国医药指南 (25)：36-37.

王超，2017. 慢性肾脏病 (CKD) 患者膳食纤维摄入情况及相关因素分析 [D]. 杭州：浙江中医药大学.

王翠婷，谢友红，2015. 肠道微生物与消化系统疾病的相关性研究 [J]. 医学综述 (9)：1628-1630.

王凤英，范旻，2008. 博州地区危重患者应用匀浆膳肠内营养临床支持与观察 [J]. 新疆医科大学学报，31 (10)：1462-1463.

王海香，孙晓红，杨年年，2014. 牛奶中抗生素残留对婴幼儿肠道菌群的影响 [J]. 中国妇幼保健，29（4）：650-652.

王辉，王璐瑜，2011. 寄生三四汤治疗类风湿性关节炎 56 例 [J]. 中国民间疗法，19（9）：32-32.

王强，李玉芬，李萌，2019. 青海不同海拔地区人群血脂异常率的调查分析 [J]. 高原医学杂志，114（3）：53-55.

王绍花，2010. 乳杆菌噬菌体的分离、功能基因表达及抗噬菌体菌株的选育 [D]. 济南：山东大学.

王生，黄晓星，余鹏飞，2014. 肠道菌群失调与结肠癌发生发展之间关系的研究进展 [J]. 中国药理学通报，30（8）：1045-1049.

王淑梅，张兰威，单毓娟，2015. 乳酸菌与结肠癌 [J]. 微生物学报，55（6）：667-674.

王淑梅，2014. 抗结肠癌功能益生菌筛选及其诱导 HT-29 细胞凋亡机制研究 [D]. 哈尔滨：哈尔滨工业大学.

王晓光，石振东，王国江，2014. 益生菌联合益生元治疗老年慢性功能性便秘临床分析 [J]. 中国临床新医学，7（12）：1150-1152.

王艳光，2014. 噬菌体侵染细菌实验教学策略 [J]. 课程教育研究（7）：176-176.

王杨威，2011. 重组基因工程乳酸菌对肾性高血压犬的降血压作用 [D]. 长春：吉林大学.

王友清，毛魁，陈伟华，2014. 逍遥平胃汤治疗胆囊切除术后腹泻临床观察 [J]. 上海中医药杂志，48（5）：43-44.

王玉玉，2014. 双歧杆菌、酪酸梭菌及谷氨酰胺对慢性应激模型小鼠肠黏膜屏障的影响 [D]. 郑州：郑州大学.

王振军，郑毅，杨新庆，2007. 膳食纤维与便秘 [J]. 中国临床医生，35（3）：14-16.

王子恺，杨云生，2012. 肠道微生物与人类疾病 [J]. 解放军医学杂志，37（12）：1168-1176.

王子恺，2014. 胃癌、胃息肉患者胃内微生物群落结构的研究

［D］．北京：中国人民解放军医学院.

巫艳君，2016. 乳酸菌复合发酵芒果粉的研制［D］．杨凌：西北农林科技大学.

吴慧昊，牛锋，2012. 低温条件下诱变菌株的营养动力学研究及分子鉴定［J］．微生物学杂志，32（5）：58-64.

吴小丹，2011. 一株极端环境微生物生理特性研究以及菌株鉴定［D］．武汉：华中师范大学.

吴秀玲，毕学军，2001. 微生物遗传学技术发展及其在环境工程中的应用［J］．安徽建筑工业学院学报（自然科学版），9（1）：73-78.

夏世仁，彭斌，欧国兵，2007. 酸奶发酵过程中防止噬菌体感染的措施［J］．中国乳品工业，35（3）：50-52.

肖大平，郭鹰，张卫军，2009. 肠出血性大肠埃希菌O157：H7 tccP 基因敲除菌株的构建［J］．第三军医大学学报，31（10）：875-878.

熊德鑫，1991. 皮肤菌群的微生态学分析和应用展望［J］．中国微生态学杂志（2）：74-81.

熊德鑫，2006. 功能性纺织品与人体皮肤的微生态平衡［J］．针织工业（8）：13-18.

轩辕铮铮，2010. 乳链菌肽耐受性调控新基因功能的研究［D］．天津：南开大学.

薛超辉，2014. 抗腹泻益生菌的筛选及其抑制腹泻机理的研究［D］．哈尔滨：哈尔滨工业大学.

闫莉肭，2007. 乳杆菌 DM9811 代谢产物对固定正畸治疗患者口腔内主要致龋菌的影响［D］．大连：大连医科大学.

晏爱芬，刘莉，2010. 极端微生物多样性研究进展［J］．保山学院学报（5）：26-30.

杨龙，2011. 氡温泉耐辐射嗜热微生物的分类鉴定及其耐辐射机制的初步研究［D］．杭州：浙江工商大学.

杨奇，2012. 大肠杆菌 DH5α upp 基因的敲除及其应用研究［D］．南京：南京理工大学.

叶萍，贺锐，2014. 不同月龄轮状病毒性腹泻患儿肠道菌群变化的研究 [J]. 国际检验医学杂志，35（1）：44-46.

于大奎，孙江，2011. 动物的特异性免疫和非特异性免疫及其发挥保护功能的屏障 [J]. 养殖技术顾问（4）：234-234.

于杰，2015. 酪酸梭菌活菌片治疗腹泻型肠易激综合征的临床疗效 [J]. 中国微生态学杂志，27（7）：802-804.

喻子牛，邵宗泽，孙明，2012. 中国微生物基因组研究 [M]. 北京：科学出版社.

袁金玲，2013. 益生菌对肥胖大鼠血脂及胰岛素相关指标的影响 [D]. 大连：大连医科大学.

约翰波斯特盖，2007. 微生物与人类 [M]. 北京：中国青年出版社.

曾霞娟，刘家鹏，严梅娣，2011. 膳食纤维对胃肠道作用的研究进展 [J]. 微量元素与健康研究，28（1）：52-55.

曾翔，2011. 耐高温高产乳酸菌的选育及乳酸发酵新工艺研究 [D]. 武汉：华中科技大学.

张大军，邱德文，蒋伶活，2009. 禾谷镰刀菌基因组学研究进展 [J]. 安徽农业科学，37（17）：7892-7894.

张刚，2007. 乳酸细菌-基础、技术和应用 [M]. 北京：化学工业出版社.

张和平，于洁，2016. 乳酸菌基因组学研究新进展 [J]. 中国食品学报，16（2）：1-8.

张红兵，张建明，2006. 儿童烧伤后补充益生菌对肠道菌群变化的影响及临床意义 [J]. 山西医药杂志，35（4）：363-365.

张丽霞，张悦风，2006. 以噬菌体浸染实验检测结核菌的新技术及其临床应用 [J]. 临床肺科杂志，11（2）：261-262.

张露勇，刘婷，刘师卜，2016. 一种芦荟成分为主保健食品通便功效的动物试验研究 [J]. 海军医学杂志，37（4）：335-338.

张娜，2012. 三株饲用乳酸杆菌的鉴定及发酵过程生长特性的研究 [D]. 上海：华东理工大学.

张素辉，2006. FQ-PCR 检测 DPV 强毒人工感染鸭消化道及呼吸道双歧（芽孢）杆菌和肠球菌数量变化规律研究 ［D］. 成都：四川农业大学.

张新利, 2014. 植物乳杆菌 C3005 降胆固醇功能的初步研究及突变子的构建 ［D］. 天津：天津科技大学.

张新梅, 2003. 利用共转化法获得无标记转 WYMV-Nib8 基因小麦 ［D］. 杨凌：西北农林科技大学.

张旭, 崔艳华, 张兰威, 2009. 乳酸菌电转化条件研究 ［J］. 兰州大学学报（自然科学版）, 45 (1)：26-33.

张勇, 2013. 益生菌 *Lactobacillus casei* Zhang 对大鼠糖耐量受损改善作用和Ⅱ型糖尿病预防作用 ［D］. 呼和浩特：内蒙古农业大学.

赵春雨, 崔艳华, 曲晓军, 2015. 嗜热链球菌关键生产特性分子水平的研究进展 ［J］. 中国乳品工业, 43 (10)：31-33.

赵春雨, 2016. 嗜热链球菌分离鉴定、生产特性及双组分系统差异研究 ［D］. 哈尔滨：哈尔滨工业大学.

赵龙, 2010. 荧光假单胞菌低温噬菌体的分离及特性 ［D］. 昆明：昆明理工大学.

赵茂鑫, 2014. 极端环境中低温微生物的筛选分离及一株高效抑制金黄色葡萄球菌活性放线菌的菌种鉴定 ［D］. 曲阜：曲阜师范大学.

赵新凤, 2014. 肠道菌群在食物过敏发病机制中的作用研究 ［D］. 重庆：重庆医科大学.

赵艳雨, 2011. 造纸废液微生物木聚糖酶的基因克隆、表达及相关性质研究 ［D］. 北京：中国农业科学院.

郑坚, 罗冬英, 2004. 乳酸菌的抗肿瘤作用及其机理 ［J］. 黄冈师范学院学报, 24 (3)：63-64.

周长林, 2008. 微生物学与基础免疫学 ［M］. 南京：东南大学出版社.

周成, 2014. 极端微生物：将生物学带入新领 ［J］. 全国优秀作文选：美文精粹 (7)：86-90.

周方方, 吴正钧, 艾连中, 2012. 蛋白组学技术在乳酸菌环境胁迫应激研究中的应用 [J]. 食品与发酵工业, 38 (8): 101-106.

周集中, 张洪勋等译, 2007. 微生物功能基因组学 [M]. 北京: 化学工业出版社.

周璟, 盛红梅, 安黎哲, 2007. 极端微生物的多样性及应用 [J]. 冰川冻土, 29 (2): 286-291.

周珂新, 徐雷艇, 马银娟, 2016. 阿尔茨海默病与肠道菌群的关系及菌群调节对其防治的展望 [J]. 中国药理学与毒理学杂志, 30 (11): 1198-1205.

朱良工, 关松梅, 刘海燕, 2017. 乳酸菌噬菌体及其 PCR 法检测研究进展 [J]. 中国乳品工业, 45 (6): 35-38.

朱伟, 2013. 大连市 57 例腹泻患者肠道菌群变化的分析 [J]. 中国微生态学杂志, 25 (8): 960-961.

邹玉红, 高登征, 吕英海, 2008. 膳食纤维对疾病防治作用的研究 [J]. 食品科技 (8): 254-256.

左瑞雨, 2009. 植酸酶基因在乳酪杆菌中的高效表达及生化特性研究 [D]. 郑州: 河南农业大学.

ALEMAYEHU D, ROSS R P, O'SULLIVAN O, et al, 2009. Genome of avirulent bacteriophage Lb338-1 that lyses the probiotic *Lactobacillus paracasei* cheese strain [J]. Gene, 448: 29-39.

ALI Y, KOT W, ATAMER Z, et al, 2013. Classification of lytic bacteriophages attacking dairy *Leuconostoc starter* strains [J]. Applied and Environmental Microbiology, 79: 3628-3636.

ANDERSON D G, MCKAY L L, 1983. Simple and rapid method for isolating large plasmid DNA from *Lactic streptococci* [J]. Applied and Environmental Microbiology, 46 (3): 549-552.

ANDRADE J C, ASCENCAO K, GULLON P, et al, 2012. Production of conjugated linoleic acid by food-grade *Bacteria*: A review [J]. Society of Dairy Technology, 11: 467-481.

ARENDT E K, DALY C, FITZGEGRALD G F, et al, 1994. Molecular characterisation of *Lactococcal Bacteriophage* Tuc2009 and identification and analysis of genes encoding lysin, a putative holin, and two structural proteins [J]. Applied and Environmental Microbiology, 60: 1875-1883.

BIAN Q, XU L, WANG S, et al, 2004. Study on the relation between occupational fenvalerate exposure and spermatozoa DNA damage of pesticide factory workers [J]. Occupational and Environmental Medicine, 61 (12): 999-1005.

BOUCHER I, PARROT M, GAUDREAU H, et al, 2002. Novel food-grade plasmid vector based on melibiose fermentation for the genetic engineering of *Lactococcus lactis* [J]. Applied and Environmental Microbiology, 68: 6152-6161.

BRON P A, BENCHIMOL M G, LAMBERT J, et al, 2002. Use of the alr gene as a food-grade selection marker in *lactic acid bacteria* [J]. Applied and Environmental Microbiology, 68 (11): 5663-5670.

BURNS A, ROWLAND I, 2000. Anti–carcinogenicity of probiotics and prebiotics [J]. Current Issues in Intestinal Microbiology, 1 (1): 13-24.

CAPURSO G, MARIGNANI M, FAVE G D, 2006. Probiotics and the incidence of colorectal cancer: when evidence is not evident [J]. Digestive and Liver Disease, 38: S277-S282.

CHRISTIANSEN B, BRONDSTED L, VOGENSEN E K, et al, 1996. A resolvase-like protein is required for the site-specific integration of the temperate *Lactococcal Bacteriophage* TP901-1 [J]. Journal of Bacteriology, 178: 5164-5173.

COFFEY A, ROSS R P, 2002. Bacteriophage–resistance systems in dairy starter strains: molecular analysis to application [J]. Antonie Van Leeuwenhoek, 82 (4): 303-321.

COLLADO M C, RAUTAVA S, ISOLAURI E, 2015. Gut microbiota: a source of novel tools to reduce the risk of human disease [J]. Pediatric Research. 77: 182-188.

CUI YH, HU T, QU XJ, et al, 2015. Plasmids from food *Lactic Acid Bacteria*: diversity, similarity, and new developments [J]. International Journal of Molecular Sciences, 16 (6): 13172-13202.

CYNTHIA L S, WENDY S G, 2014. Microbes, Microbiota and colon cancer [J]. Cell Host & Microbe, 15 (3): 317-328.

ÇATALOLUK O, 2003. The development of a modified method for isolating plasmids from exopolysaccharide producing *Lactobacillus* species using conventional plasmid isolation methods [J]. The Turkish Journal of Biology, 29: 125-129.

DE FELIPE F L, STARRENBURG M J C, 1997. The Role of NADH-oxidation in acetoin and diacetyl production from glucose in *Lactococcus lactis* subsp. *lactis* MG1363 [J]. Microbiology Letters, 156 (1): 15-19.

DE LAS RIVAS B, MARCOBAL A, MUNOZ R, 2004. Complete nucleotide sequence and structural organization of pPB1, a small *Lactobacillus plantarum* cryptic plasmid that originated by modular exchange [J]. Plasmid, 52: 203-211.

DE MORENO L A, MATAR C, FARNWORTH E, et al, 2006. Study of cytokines involved in the prevention of a murine experimental breast cancer by *kefir* [J]. Cytokine, 34 (1): 1-8.

DEASY T, MAHONY J, NEVE H, et al, 2011. Isolation of avirulent *Lactobacillus brevis* phage and its application in the control of beer spoilage [J]. Journal of Food Protection, 74: 2157-2161.

DEVEAU H, LABRIE S J, CHOPIN M C, et al, 2006. Biodiversity and classification of *Lactococcal* phages [J]. Applied and Environmental Microbiology, 72: 4338-4346.

DOMINGUES S, CHOPIN A, EHRLICH S D, et al, 2004. The lactococcal abortive phage infection iystem abiP prevents both phage DNA replication and temporal transcription switch [J]. Journal of Bacteriology, 186: 713-721.

DORON S, GORBACH S L, 2006. Probiotics: Their role in the treatment and prevention of disease [J]. Expert Review of Anti-infective Therapy, 4 (2): 261-275.

EHRMANN M A, ANGELOV A, PICOZZI C, et al, 2013. The genome of the *Lactobacillus sanfranciscensis* temperatephage EV3 [J]. BMC Research Notes, 6: 514.

EMOND E, LAVALLEE R, DROLET G, et al, 2001. Molecular characterization of a theta replication plasmid and its use for development of a two-component food-grade cloning system for *Lactococcus lactis* [J]. Applied and Environmental Microbiology, 67 (4): 1700-1709.

ESCAMILLA J, LANE M A, MAITIN V, 2012. Cell-free supernatants from probiotic *Lactobacillus casei* and *Lactobacillus rhamnosus* GG decrease colon cancer cell invasion *in vitro* [J]. Nutrition and Cancer, 64 (6): 871-878.

FEMIA A P, LUCERI C, DOLARA P, et al, 2002. Antitumorigenic activity of the prebiotic inulin enriched with oligofructose in combination with the probiotics *Lactobacillus rhamnosus* and *Bifidobacterium lactis* on azoxymethane-induced colon carcinogenesis in rats [J]. Carcinogenesis, 23 (11): 1953-1960.

FOLEY S, BRUTTIN A, BRUSSOW H, 2000. Widespread distribution of a group intron and its three deletion derivatives in the lysin gene of *Streptococcus thermophilus* bacteriophages [J]. Journal of Virology, 74: 611-618.

FORDE A, FITZGERALD G F, 1999. Bacteriophage defence systems in *Lactic acid bacteria* [J]. Antonie Van Leeuwenhoek, 76: 89-113.

FRANCAVILLA R, FONTANA C, CRISTOFORI F, 2012. Letter: identication of probiotics by specific strain name [J]. Alimentary Pharmacology & Therapeutics, 35 (7): 859-860.

FRANCESCHI F, MARINI M, PISCAGLIA A P, et al, 2010. 107

Effect of *Bacillus clausii* administration in the rectal mucosa of mice treated with intrarectal instillation of the carcinogen N−methylnitrosurea [J]. Digestive and Liver Disease, 42: S140−S141.

FRANK D N, ST AMAND A, L, FELDMAN R, A, et al, 2007. Molecular−phylogenetic characterization of microbial community imbalances in human inflammatory bowel diseases [J]. Proc Natl Acad Sci USA, 104 (34): 13780−13785.

FROSETH B R, HERMAN R E, MAKAY L L, 1988. Cloning of nisin resistance determinant and replication origin on 7. 6 − kilobase *Eco* RI frag − ment of pNP40 from *Streptococcus lactis* subsp. *diacetylactis* DRC3 [J]. Applied and Environmental Microbiology, 54: 2136−2139.

FUKUI M, FUJINO T, TSUTSUI K, et al, 2001. The tumor − preventing effect of a mixture of several *Lactic acid bacteria* on 1, 2 − dimethylhydrazine−induced colon carcinogenesis in mice [J]. Oncology Reports, 8 (5): 1073−1078.

GADEWAR S, FASANO A, 2005. Current concepts in the evaluation, diagnosis and Management of acute infectious diarrhea [J]. Current Opinion in Pharmacology, 5 (6): 559−565.

GARVEY P A, HILL C, FITZGERALD G F, 1996. The lactococcal plasmid pNP40 encodes a third bacteriophage resistance mechanism, one which affects phage DNA penetration [J]. Applied and Environmental Microbiology, 62: 676−679.

GASSON M J, 1996. Lytic systems in *Lactic acid bacteria* and their *bacteriophages* [J]. Antoine Van Leeuwenhoek, 10: 147−159.

GOLGIN B R, GORBACH S L, 1984. The effect of milk and *Lactobacillus* feeding on human intestinal bacterial enzyme activity [J]. The American Journal of Clinical Nutrition, 39 (5): 756−761.

GOSALBES M J, ESTEBAN C D, GALAN J L, et al, 2000. Integrative food−grade expression system based on the lactose regulon of *Lactobacillus casei* [J]. Applied and Environmental Microbiology,

2000, 66 (11): 4822-4828.

GRAVESEN A, JOSEPHSEN J, VONWRIGHT A, et al, 1995. Characterization of the replicon from the *Lactococcaltheta*-replicating plasmid pJW563 [J]. Plasmid, 34: 105-118.

HALBMAYR E, MATHIESEN G, NGUYEN T H, et al, 2008. High-level expression of recombinant β-galactosidases in *Lactobacillus plantarum* and *Lactobacillus sakei* using a sakacin p-based expression system [J]. Journal of Agricultural and Food Chemistry, 56 (12): 4710-4719.

HAMILTON-MILLER J, 2003. The role of *probiotics* in the treatment and prevention of helicobacter pylor infection [J]. International Journal of Antimicrobial Agents, 22 (4): 360-366.

HASKARD C A, EL-NEZAMI H S, KANKAANPAA P E, et al, 2001. Surface binding of aflatoxin B1 by *Lactic acid bacteria* [J]. Applied and Environmental Microbiology, 67 (7): 3086-3091.

HATAKKA K, HOLMA R, et al, 2008. The influence of *Lactobacillus rhamnosus* Lc705 together with *propionibacterium freudenreichii* ssp. *shermanii* js on potentially carcinogenic bacterial activity in human colon [J]. International Journal of Food Microbiology, 128 (2): 406-410.

HAUKIOJA A, YLI-KNUUTTILA H, LOIMARANTA V, et al, 2006. Oral adhesion and survival of probiotic and other *lactobacilli* and *bifidobacteria in vitro* [J]. Oral Microbiol Immunol, 21 (5): 326-332.

HAZA A I, ZABALA A, MORALES P, 2004. Protective effect and cytokine production of a *Lactobacillus plantarum* strain isolated from Ewes' milk cheese [J]. International Dairy Journal, 14 (1): 29-38.

HERNANDEZ-MENDOZA A, GARCIA H, STEELE J, 2009. Screening of *Lactobacillus casei* strains for their ability to bind aflatoxin B1 [J]. Food and Chemical Toxicology, 47 (6): 1064-1068.

JANG S H, YOON B H, CHANG H I, 2011. Complete nucleotide sequence of the temperate bacteriophage LBR48, a new member of thefamily *myoviridae* [J]. Archives of Virology, 156: 319-322.

KANG M S, NA H S, O H J S, 2005. Coaggregation ability of weissella cibaria isolates with fusobacterium nucleatum and their adhesiveness to epi – thelial cells [J]. FEMS Microbiol Lett, 253 (2): 323-329.

KHAN S A, 2005. Plasmid rolling – circle replication: Highlights of two decades of research [J]. Plasmid, 53: 126-136.

KOLLER V J, MARIAN B, STIDL R, et al, 2008. Impact of *Lactic acid bacteria* on oxidative DNA damage in human derived colon cells [J]. Food and Chemical Toxicology, 46 (4): 1221-1229.

KOSTIC A D, XAVIER R J, GEVERS D, 2014. The microbiome in inflammatory bowel disease: current status and the future ahead [J]. Gastroenterology, 146 (6): 1489-1499.

LABRIE S, MOINEAU S, 2002. Complete genome sequence of bacteriophage uI36: demonstration of phage heterogencity within the p335 Quasi – species of *Lactococcal phages* [J]. Virology, 296: 308-320.

LANSING M PRESCOTT. PRESCOTT – H – K, 2002. Microbiology [M]: Fifth Edition.

LAPARRA J M, OLIVARES M, SANZ Y, 2014. Role of gut microbes in celiac disease risk and pathogenesis [J]. Celiac Disease, 81-94.

LEMARREC C, VANSINDEREN D, WALSH L, et al, 1997. Two grous of bacteriophages infecting *Streptococcusther mophilus* can be distinguished on the basis of mode of packaging and genetic determinants for major structural proteins [J]. Applied and Environmental Microbiology, 63: 3246-3253.

LEROY F, De VUYST L, 2004. *Lactic acid bacteria* as functional starter cultures for the food fermentation industry [J]. Trends Food

Science and Technology, 15: 67-78.

LI R, ZHAI Z, YIN S, et al, 2009. Characterization of a rolling-circle replication plasmid pLR1 from *Lactobacillus plantarum* LR1 [J]. Current Microbiology, 58: 106-110.

LOKMAN B C, LEER R J, POUWELS P H, et al, 1994. Promotor analysis and transcriptional regulation of *Lactobacillus pentosus* genes involved in xylose catabolism [J]. Molecular and General Genetics, 245: 117-125.

LOPEZ A D, MATHERS C D, EZZATI M, et al, 2006. Global and regional burden of disease and risk factors, 2001: Systematic analysis of population health data [J]. The Lancet, 367 (524): 1747-1757.

LSOLAURI E, SALMINEN S, 2015. The impact of early gut microbiota modulation on the risk of child disease: alert to accuracy in probiotic studies [J]. Beneficial Microbes, 6 (2): 167-171.

LUBBERS M W, WATERFIELD N R, BERESFORD T P J, et al, 1995. Sequencing and analysis of the prolate-headed Lactococcal bacteriopage c2 genome and identification of the structural genes [J]. Applied and Environmental Microbiology, 56: 4348-4356.

LUCCHINI S, DESIERE E, BRUSSOW H, et al, 1999. Comparative genomics of *Streptococcus thermophilus* phage species supports a modular evolution theory [J]. Journal of Virology, 73: 8647-8656.

MAHONY J, BOTTACINI F, SINDEREN D, 2014. Progress in *Lactic acid bacterial* phage research [J]. Microbial Cell Factories, 13 (Suppl 1): S1.

MAHONY J, SINDEREN D, 2014. Current taxonomy of phages infecting *Lactic acid bacteria* [J]. Frontiers in Microbiology, 5: 1-7.

MARCO MB, MOINEAU S, QUIBERONI A, 2012. Bacteriophages and dairy fermentations [J]. Bacteriophage, 2 (3): 149-158.

MARK A, 2014. Intestinal dysbiosis: Novel mechanisms by which gut microbes trigger and prevent disease [J]. Preventive Medicine,

65: 133-137.

MATHERS C, FAT D M, BOERMA J, 2008. The global burden of disease: 2004 update [M]. World Health Organization, 133-158.

MIKKONEN M, RAISANEN L, ALATOSSAVA T, 1996. The early region completes the nucleotide sequence of *Lactobacillus delbrueckii* subsp. *lactis* phage LL-H [J]. Gene, 175: 49-57.

MILLS S, GRIFFIN C, O'SULLIVAN O, et al, 2011. A new phage on the mozzarella block: bacteriophage 5093 shares a low level of homology with other *Streptococcus thermophilus* phages [J]. International Dairy Journal, 21: 963-969.

MOINEAU S, 1999. Applications of phage-resistance in *Lactic acid bacteria* [J]. Antonie Van Leeuwenhoek, 76: 377-382.

MUROSAKI S, MUROYAMA K, YAMAMOTO Y, et al, 2000. Antitumor effect of heat-killed *Lactobacillus plantarum* L-137 through restoration of impaired interleukin-12 production in tumor-bearing mice [J]. Cancer Immunology, Immunotherapy, 49 (3): 157-164.

NGUYEN T T, MATHIESEN G, FREDRIKSEN L, et al, 2011. A Food-grade system for inducible gene expression in *Lactobacillus plantarum* using an alanine racemase-encoding selection marker [J]. Journal of Agricultural and Food Chemistry, 59: 5617-5624.

OKEEFE S J, CHUNG D, MAHMOUD N, et al, 2007. Why do African Americans get more colon cancer than native Africans [J]. The Journal of nutrition, 137 (1): 175S-182S.

ORRHAGE K, SILLERSTROM E, GUSTAFSSON J-Å, et al, 1994. Binding of mutagenic heterocyclic amines by intestinal and *Lactic acid bacteria* [J]. Mutation Research/Fundamental and Molecular Mechanisms of Mutagenesis, 311 (2): 239-248.

O'RYAN M, PRADO V, PICKERING L K, 2005. Seminars in pediatric infectious diseases [J]. Elsevier, 125-136.

O'SULLIVAN D J, KLAENHAMMER T R, 1993. Rapid mini-prep isolation of high-quality plasmid DNA from *Lactococcus and Lactobacillus* spp. [J]. Applied and Environmental Microbiology, 59 (8): 2730-2733.

PALUMBO E, FAVIER C F, DEGHORAIN M, et al, 2004. Knockout of the alanine racemase gene in *Lactobacillus plantarum* results in septation defects and cell wall perforation [J]. FEMS Microbiology Letters, 233 (1): 131-138.

PAN Q, ZHANG L, LI J, et al, 2011. Characterization of pLP18, a novel cryptic plasmid of *Lactobacillus plantarum* PC518 isolated from Chinese pickle [J]. Plasmid, 65: 204-209.

PARK H-D, RHEE C-H, 2001. Antimutagenic activity of *Lactobacillus plantarum* KLAB21 isolated from *kimchi* Korean fermented vegetables [J]. Biotechnology Letters, 23 (19): 1583-1589.

PARVEZ S, MALIK K, KANG S, et al, 2006. Probiotics and their fermented food products are beneficial for health [J]. Journal of Applied Microbiology, 100 (6): 1171-1185.

PLATTEEUW C, SCHALKWIJK S, VOS W M, 1996. Food-grade cloning and expression system for *Lactococcus lactis* [J]. Applied and Environmental Microbiology, 62: 1008-1013.

QIN J, LI R, RAES J, et al, 2010. A human gut microbial gene catalogue established by metagenomic sequencing [J]. Nature, 464 (7285): 59-65.

RATTANACHAIKUNSOPON P, PHUMKHACHORN P, 2012. Construction of a food-grade cloning vector for *Lactobacillus plantarum* and its utilization in a food model [J]. Journal of General Applied Microbiology, 58: 317-324.

REN D M, WANG Y Y, WANG Z L, et al, 2003. Complete DNA sequence and analysis of two cryptic plasmid isolated from *Lactobacillus plantarum* [J]. Plasmid, 50: 70-73.

RONAGHI M, UHLEN M, NYREN P, 1998. A sequencing method

based on real – time pyrophosphate [J]. Science, 281 (5375): 363–365.

RUIZ–BARBA J L, PIARD J C, JIMENEZ –DIAZ R, 1991. Plasmid profiles and curing of plasmids in *Lactobacillus plantarum* strains isolated from green olive fermentations [J]. Journal Applied Bacteriology, 71: 417–421.

SASAKI Y, ITO Y, SASAKI T, 2004. ThyA as a selection marker in construction of food – grade host – vector and integration systems for *Streptococcus thermophilus* [J]. Applied and Environmental Microbiology, 70 (3): 1858–1864.

SEOW S W, RAHMAT J N B, MOHAMED A A K, et al, 2002. *Lactobacillus* species is more cytotoxic to human bladder cancer cells than mycobacterium bovis (Bacillus calmette–guerin) [J]. The Journal of Urology, 168 (5): 2236–2239.

SORVIG E, SKAUGEN M, NATERSTAD K, et al, 2005. Plasmid p256 from *Lactobacillus plantarum* represents a new type of replicon in *Lactic acid bacteria*, and contains a toxin–antitoxin–like plasmid maintenance system [J]. Microbiology, 151: 421–431.

STANLEY E, FITZGERALD G F, LE MARREC C, et al, 1997. Sequence analysis and characterization of 1205, a temperate bacteriophage infecting *Streptococcus thermophilus* CNRZ1205 [J]. Microbiology, 143: 3417–3429.

SUN J, CHANG E B, 2014. Exploring gut microbes in human health and disease: Pushing the envelope [J]. Genes & Diseases, 1 (2): 132–139.

TAKAGI A, HIROSE A, NISHIMURA T, et al, 2008. Induction of mesothelioma in P53 +/ – mouse by intraperitoneal application of multi – wall carbon nanotube [J]. Journal of Toxicological Sciences, 33 (1): 105.

THIRABUNYANON M, BOONPRASOM P, NIAMSUP P, 2009. Probiotic potential of *Lactic acid bacteria* isolated from fermented

dairy milks on antiproliferation of colon cancer cells [J]. Biotech-
nology Letters, 31 (4): 571-576.

TUO Y, ZHANG L, HAN X, et al, 2011. *In Vitro* Assessment of
immunomodulating activity of the two *Lactobacillus* strains isolated
from traditional fermented milk [J]. World Journal of Microbiology
and Biotechnology, 27 (3): 505-511.

VAN KRANENBURG R, GOLIC N, BONGERS R, et al, 2005.
Functional analysis of three plasmids from *Lactobacillus plantarum*
[J]. Applied and Environmental Microbiology, 1223-1230.

VERDENELLI M C, GHELFI F, SILVI S, et al, 2009. Probiotic
properties of *Lactobacillus rhamnosus* and *Lactobacillus paracasei*
isolated from human faeces [J]. European journal of nutrition, 48
(6): 355-363.

VILLION M, MOINEAU S, 2009. Bacteriophages of *Lactobacillus*
[J]. Front. Biosci. (Landmark Ed), 14: 1661-1683.

VONK R J, RECKMAN G A, HARMSEN H J, et al, 2012. Probi-
otics and lactose intolerance [J]. 56 (8): 422-429.

WANG S, ZHANG L, FAN R, et al, 2014. Induction of HT-29
cells apoptosis by *lactobacilli* isolated from fermented products [J].
Research in Microbiology. 165: 202-214.

YAN F, POLK D B, 2010. Probiotics: progress toward novel therapies
for intestinal diseases [J]. Current opinion in gastroenterology, 26
(2): 95-101.

YLI-KNUUTTILA H, SNALL J, KARI K, et al, 2006. Colonization of
Lactobacil-lus rhamnosus GG in the oral cavity [J]. Oral Microbiol
Immunol, 21 (2): 129-131.

YOON B H, CHANG H I, 2011. Complete genomic sequence of the
Lactobacillus temperate phage LF1 [J]. Archives of Virology,
156: 1909-1912.

ZABALA A, MARTIN M, HAZA A, et al, 2001. Anti-proliferative
effect of two *Lactic acid bacteria* strains of human origin on the

growth of a myeloma cell line [J]. Letters in Applied microbiology, 32 (4): 287–292.

ZAGO M, SCALTRITI E, ROSSETTI L, et al, 2013. Characterization of the genome of the dairy *Lactobacillus helveticus* bacteriophage AQ113 [J]. Applied and Environmental Microbiology, 79: 4712–4718.

ZHANG X B, OHTA Y, 1991. *In vitro* binding of mutagenic pyrolyzates to *Lactic acid bacterial* cells in human gastric juice [J]. Journal of dairy science, 74 (3): 752–757.

ZHANG X, WANG S, GUO T, et al, 2011. Genome analysis of *Lactobacillus fermentum* temperate bacteriophage, PYB5 [J]. International Journal of Food Microbiology, 144: 400–405.

ZHAO M, YANG M, Li X–M, et al, 2005. Tumor–targeting bacterial therapy with amino acid auxotrophs of gfp–expressing *Salmonella typhimurium* [J]. Proceedings of the National Academy of Sciences of the United States of America, 102 (3): 755–760.

ZHOU H, HAO Y L, XIE Y, et al, 2010. Characterization of a rolling–circle replication plasmid pXY3 from *Lactobacillus plantarum* XY3 [J]. Plasmid, 64: 36–40.